FLORE

DES DEUX-SÈVRES

Saint-Maixent. — Impr. REVERSE.

FLORE

DU DÉPARTEMENT

DES DEUX-SÈVRES

PAR

J.-C. SAUZÉ ET P.-N. MAILLARD

PREMIÈRE PARTIE

MANUEL ANALYTIQUE

DESTINÉ

A FACILITER LA DÉTERMINATION ET A ASSURER LE CLASSEMENT

DES PLANTES SPONTANÉES DU DÉPARTEMENT.

Deuxième édition

PARIS	NIORT
J.-B. BAILLIÈRE & FILS	L. CLOUZOT
LIBRAIRES-ÉDITEURS	LIBRAIRE-ÉDITEUR
19, rue Hautefeuille, 19	22, rue des Halles, 22

1884

FLORE

DU DÉPARTEMENT

DES DEUX-SÈVRES

PAR

J.-C. SAUZÉ ET P.-N. MAILLARD

PREMIÈRE PARTIE

MANUEL ANALYTIQUE

DESTINÉ

A FACILITER LA DÉTERMINATION ET A ASSURER LE CLASSEMENT

DES PLANTES SPONTANÉES DU DÉPARTEMENT.

Deuxième édition

PARIS	NIORT
J.-B. BAILLIÈRE & FILS	L. CLOUZOT
LIBRAIRES-ÉDITEURS	LIBRAIRE-ÉDITEUR
19, rue Hautefeuille, 19	22, rue des Halles, 22

1884

PRÉFACE

—

La publication, à dix années de distance (1870-1880), des deux parties de la *Flore des Deux-Sèvres*, a rendu nécessaires d'importantes améliorations au *Manuel analytique*. Ce volume, le premier en date, se trouve en effet en retard sur les suivants, par suite de la découverte de nouvelles espèces dans la région de la Flore.

Cette révision nous a mis à même de corriger des erreurs typographiques ou des vices de rédaction, et nous a permis des remaniements utiles.

Ce nouveau volume remplacera donc désormais celui qui l'a précédé, pour l'analyse et le classement des plantes.

Nous redirons ici quelle est la manière de s'en servir, en raison des changements opérés dans les numéros de renvoi.

Tout le monde connaît la *Violette*, cette délicieuse fleur du premier printemps, qui trahit sa présence par une si suave odeur.

Nous avons cueilli une violette avec sa racine, ses feuilles, sa fleur et son fruit, car il faut, dans la limite du possible, ne rien omettre, et avoir sous les yeux tous les organes essentiels.

Ouvrons notre Manuel au titre : *Analyse des familles.*

Considérons la première phrase comme une question qui nous serait adressée : notre plante a-t-elle des *fleurs munies d'étamines ou de pistils?*

Oui, pourrons-nous répondre après examen. Le chiffre 2 qui suit la phrase est un renvoi qui nous invite à passer au même chiffre placé à gauche de la page, au commencement d'une nouvelle question.

2. *La corolle est-elle papilionacée?* — Non. — Nous sommes donc invités à poursuivre par le chiffre 3.

3. *Les fleurs et les fruits sont-ils renfermés dans un réceptacle pyriforme?* — Non. — Nous allons au n° 4.

4. *Notre plante a-t-elle le suc laiteux?* — Non. — Nous passons au n° 5.

5. *Est-elle parasite sur les arbres?* — Non. — Nous étudions le n° 6.

6. *Les fleurs sont-elles en capitule, etc.?* — Non. — Nous sommes invités à voir au n° 13.

13. *Périanthe nul?* — Non. — Un calice et une corolle. Nous allons voir aux *fleurs périanthées*,
par le n° 17.

17. *Plante dioïque?* — Non. — *Plante monoïque?* —
Non. — *Plante hermaphrodite?* — Oui. —
Nous allons à 59.

En passant successivement par les numéros 79, 82,
83, 84, 85, 86, nous arrivons à 87 qui nous invite à
chercher si notre fleur a un éperon à la base. — Oui,
disons-nous. — Notre plante appartient donc à la
famille des VIOLACÉES.

Le chiffre romain XLV qui suit veut que nous
allions à l'analyse des genres. Comme il n'existe dans
cette famille que le genre *Viola*, nous allons à l'analyse des espèces, c'est-à-dire au 221° genre. Par le
même procédé nous découvrons que notre violette se
nomme *Viola odorata*, et qu'en français, c'est la
Violette odorante.

Pour s'assurer de l'exactitude du résultat, il est
nécessaire de comparer cette *violette* à la description
de la *famille*, du *genre* et de l'*espèce* exposée dans la
Flore descriptive. Si la description concorde, il n'y a
pas eu d'erreur commise ; si, au contraire, la description ne convenait pas, il faudrait recommencer avec
plus de soins, en observant attentivement et minutieu-
sement tous les caractères (I, 419, 420, 422).

Nous pouvons choisir encore un exemple parmi les
plantes qui semblent, aux yeux du vulgaire, n'avoir

pas ce qu'on nomme communément une fleur, telle que l'*avoine folle.*

Analyse des familles. En partant du chiffre 1, à gauche, nous passons par le même chemin que pour notre *violette,* jusqu'au n° 82. Là nous rencontrons la phrase : *Ni vrai calice, ni vraie corolle; périanthe pétaloïde ou herbacé ou scarieux ou nul.* Le périanthe étant scarieux, nous sommes renvoyés au n° 153, d'où nous poursuivons par 158, 160, 161, 162, 163, 167, 172, 173, 174, 185, 186, 189, ou bien 186, 187, 196, pour arriver à 197. Notre plante ayant la tige *pourvue de nœuds,* possédant une *gaîne fendue* et des *enveloppes florales formées par plusieurs écailles,* nous en concluons qu'elle appartient à la famille des *Graminées.* Le chiffre romain XCIV, nous renvoie à *l'analyse des genres.* En y passant par les n°ˢ 5, 20, 36, 37, 38, 39, nous arrivons à *Avena. L'analyse des espèces,* en nous faisant passer par les n°ˢ 2, 3, nous conduit à *Avena fatua (avoine folle).* Reste encore à vérifier le résultat par la lecture comparée de la description avec la plante dans le volume descriptif (II, 363, 392, 393).

Dans certains genres difficiles, et à formes multiples, tels que *Rubus, Rosa, Galium, Hieracium,* nous avons admis seulement les espèces qui nous ont paru les plus répandues dans nos contrées. Malgré le nombre de ces espèces souvent litigieuses, nous sommes persuadés de n'avoir pas vu toutes celles qui existent autour de nous, et nous engageons les botanistes à les observer attentivemeut, en se reportant aux ouvrages de MM. Boreau, Déséglise, Genevier, Jordan, etc.

Le lecteur trouvera à la fin du volume, avant la table, la description de plusieurs espèces trouvées depuis l'impression des volumes descriptifs. Nous en avons tenu compte dans le présent *Manuel analytique.*

Les noms latins des genres et des espèces sont suivis, dans la *Flore descriptive,* d'une lettre ou d'une abréviation désignant les auteurs qui ont imposé ces noms aux diverses plantes. Ainsi, L. signifie Linné; Lam., Lamark; DC., de Candolle; GG., Grenier et Godron; Bor., Boreau; Jord., Jordan; Tournef., Tournefort; Scop., Scopoli; Retz., Retzius; Rchb., Reichenback, etc., etc.

Quant aux mots techniques, aux termes scientifiques, étrangers, pour la plupart, à la langue usuelle, ils trouveront leur explication dans un vocabulaire spécial. Les mots latins sont traduits, dans notre Manuel, pour les amateurs qui ne connaissent pas cette langue.

Pendant l'impression de ce volume, la mort impitoyable est venue m'enlever mon collaborateur assidu. Pierre-Néhémie Maillard est décédé à la Mothe-Saint-Héray le 22 avril dernier, âgé de soixante-neuf ans, entouré des soins attentifs de sa famille et de ses amis.

Au commencement de sa maladie, ses chères études, la musique, la photographie, la botanique et surtout la correction des épreuves de cette réimpression, étaient sa distraction, sa consolation. Puis le moment est arrivé où il n'en a plus parlé.

De jour en jour, nous avons vu s'en aller la force de ce hardi marcheur, s'amoindrir le courage de cette âme si bien trempée, disparaître la vivacité de cet esprit si fin et si alerte qui jetait encore de rares éclairs.

La mort arrivait lente et implacable. Nous assistions à la longue et douloureuse agonie de notre bon et cher camarade. Comme une lampe qui s'éteint et cesse d'épandre ses rayons autour d'elle, cette forte et virile intelligence s'obscurcissait peu à peu. Le pauvre corps résistait et semblait n'avoir de perceptions que pour la souffrance. Puis tout cessa !...

Il nous reste le souvenir de sa forte individualité, de sa bonté constante, de sa loyauté à toute épreuve.

La Mothe-Saint-Héray, 22 septembre 1883.

INTRODUCTION.

—

Le département des Deux-Sèvres a la forme d'un parallélogramme irrégulier dont les grands côtés s'étendent du nord au sud sur une longueur de près de 130 kilomètres. Cette forme y fait supposer tout d'abord une végétation assez variée, parce que, du 45° degré 58 minutes de latitude au 47° degré 7 minutes, les moyennes de température sont assez éloignées pour qu'on puisse trouver à une extrémité quelques plantes spéciales au nord de la France et à l'autre extrémité quelques-unes des espèces de nos départements méridionaux.

La constitution minéralogique et géologique de ce département le divise en deux régions bien tranchées. La région siliceuse forme presque en entier les arrondissements de Bressuire et de Parthenay, c'est l'ancienne *Gâtine* ou le *Bocage*, tandis que les arrondissements de Niort et de Melle sont généralement calcaires, c'est la *Plaine*.

Si ces deux régions offrent nécessairement des différences très considérables, elles se prêtent en même temps à des rapprochements fort curieux. Ces rapprochements tiennent, dans la région septentrionale, à la présence d'une longue bande calcaire qui occupe le côté N.-E. du département, et, dans la région méridionale, à l'existence de plusieurs vallées de soulèvement qui mettent au jour les schistes et les granites. Aussi on pourra voir, dans les cantons de Thouars, Airvault, Saint-Loup et Thénezay, presque toutes les plantes qu'on rencontre à l'extrémité opposée, sur les limites des départements de la Charente et de la Charente-Inférieure, et on pourra retrouver dans les vallées schisteuses et granitiques des environs de Saint-Maixent, la Mothe-Saint-Héray et Melle la plupart des plantes de la Gâtine.

Jetons les yeux sur la carte géologique de la France et voyons la place qu'y occupent les Deux-Sèvres. Nos terrains granitiques forment, avec le soulèvement breton dont ils font partie, un vaste plateau qui se prolonge par Parthenay et Menigoute pour se rapprocher du plateau central de la France. Le large détroit qui sépare ces deux plateaux ou massifs granitiques établissait la communication entre la mer parisienne et la mer pyrénéenne, immenses bassins dans lesquels se sont déposés tous nos terrains de sédiment, depuis les terrains schisteux et houillers jusqu'aux silex meuliers tertiaires et aux travertins contemporains. C'est ainsi que le lambeau de terrain calcaire qui existe au N.-E. du département faisait partie de la mer parisienne, et que tous les dépôts de la partie méridionale ont été formés dans la mer pyrénéenne ou dans les lacs et cours d'eau qui lui ont succédé. Il est clair que cette position singulière et exceptionnelle de notre département, de faire partie de deux mers géologiques, lui assure une végétation mixte dont les dissemblances sont encore plus tranchées, parce que notre territoire formait seul un des côtés du détroit breton-limousin que beaucoup de plantes n'ont pas dû franchir.

La disposition des cours d'eau qui arrosent notre département ne peut qu'ajouter à l'intérêt qui doit s'attacher à l'étude de ses richesses végétales. Aucun grand fleuve ne le traverse, mais il fournit des tributaires nombreux à trois bassins hydrographiques. Le nord tout entier appartient au bassin de la Loire, dans laquelle vont se jeter la Sèvre-Nantaise, le Thouet et la Dive-du-Nord; au S.-E. la Bouleur et la Dive-du-Midi portent aussi leurs eaux à la Loire. L'extrémité la plus méridionale du département dépend du bassin de la Charente. Le bassin de la Sèvre-Niortaise est formé en grande partie par les rivières du centre et du S.-O. Une ligne de faîte ou ligne de partage des eaux, allant de l'O. au S.-E., suit d'abord la limite des granites, puis une série de collines calcaires peu élevées. Tous les affluents de la Loire se dirigent vers le N., pendant que la Sèvre-Niortaise et les rivières qui vont la grossir, ainsi que les affluents de la Charente, ont leur cours vers l'O. et vers le S. Cette disposition des cours d'eau ne doit-elle pas aider à différencier les produits végétaux du nord et du midi?

Examinons maintenant le département au point de vue de la configuration extérieure du sol. Le *Bocage*, remarquable par ses granites et ses schistes toujours froids et humides, par ses sources innombrables, ses ruisseaux encaissés et rapides, ses vallées profondes, ses étangs dont l'établissement a été facilité par la nature du terrain, doit nous fournir une végétation toute particulière, ne ressemblant en rien à celle de la région calcaire. La *Plaine* et ses vastes cultures sur un terrain à peine ondulé, son sol qui se réchauffe aisément, qui absorbe l'eau et l'abandonne plus facilement encore, ses coteaux arides et ses larges vallées souvent marécageuses ou tourbeuses, telles que celles de la Dive-du-Nord, de la Dive-du-Midi et de la Boutonne, offrent au botaniste des sujets d'étude pleins d'intérêt. Les immenses marais de la Sèvre Niortaise et du Mignon se distinguent des autres parce que, communiquant avec l'Océan, plusieurs plantes maritimes remontent jusqu'aux portes de Niort et de Mauzé, nous donnant un avant-goût des trésors botaniques des bords de la mer.

On le voit par ce résumé succinct, la minéralogie, la géologie, l'hydrographie se trouvent d'accord pour assurer au département des Deux-Sèvres une Flore aussi riche que variée. Le travail que nous avons publié sur ses plantes démontre que les faits sont d'accord avec les données théoriques que nous venons d'exposer.

Parmi les départements du centre de la France, le nôtre est un de ceux dont la végétation a été le moins étudiée. Peu d'ouvrages, avant notre *Flore*, ont été publiés sur ce sujet spécial; deux seulement sont venus à notre connaissance.

1° *Calendrier de Flore des environs de Niort*, par J.-L. Guillemeau. Niort, Elies, an IX (1801); in-12, 276 pages.

Ce livre contient des notions élémentaires de botanique assez étendues, puis une liste des plantes indigènes et exotiques croissant sous le climat de Niort, classées par mois suivant les époques de leur floraison. Quelques mots beaucoup trop brefs sur les caractères spécifiques et l'absence complète de notions sur les localités (1), font de ce livre

(1) Il n'y a qu'une seule exception à ce que nous disons là, elle se trouve à la page 240; nous y lisons : « *Lichen niortensis* »,

une curiosité bibliographique plutôt qu'un ouvrage utile à l'étude scientifique des espèces et de la géographie botanique de notre pays.

2° *Tableau synoptique des végétaux du département des Deux-Sèvres*, par Braguier et Maurette. Saint-Maixent, Reversé, 1840 ; in-18, 120 pages. Cet opuscule est une analyse des familles et genres des plantes phanérogames, que les auteurs *supposaient* croître spontanément sur le territoire des Deux-Sèvres. Ils inscrivent plusieurs genres qui, sûrement, ne s'y trouvent pas ou sont cultivés ; tels sont, entre beaucoup d'autres : *Tragus*, *Acorus*, *Morus*, *Osyris*, *Hippophæ*, *Elæagnus*, *Pyrola*, *Ledum*, *Cneorum*, *Actæa* ; ils oublient au contraire un bon nombre de genres très connus, ce qui, joint à une nomenclature inusitée, rend ce petit livre tout-à-fait insignifiant aujourd'hui.

puis une note que nous copions textuellement : « Ce lichen, « auquel je donne le nom de Lichen niortais, parce qu'aucun « naturaliste ne paraît jusqu'à ce moment en avoir fait mention « et qu'il se trouve assez communément non loin de Niort, parti- « culièrement sur les vieux pommiers en plein vent, mérite « d'être décrit et connu : Il a des tiges frutescentes de cinq à six « lignes, plates, foliacées et bordées de cils d'un vert très clair ; « ses capsules sont terminales, très grandes, concaves, d'un « rouge écarlate très brillant dans le milieu, jaunes et ciliées en « leurs bords et d'un blanc-jaunâtre en dessous. » Guillemeau se trompe, ce n'est qu'un nouveau synonyme à ajouter au nom d'une espèce parfaitement connue : *Lichen chrysophthalmus* L., qui est *Physcia chrysophthalma* de de Candolle et des lichenographes modernes (Cf. Nylander *Synopsis meth. Lich.*, ɪ, 410). Ce lichen a été publié par nous dans le *Flora Galliæ et Germaniæ exsiccata* de Billot, nᵒ 3299.

Près de ces publications et bien au-dessus d'elles, quoiqu'il ne soit point un ouvrage d'histoire naturelle, nous devons classer le *Mémoire statistique du département des Deux-Sèvres*, par Dupin, préfet. Paris, imp. de la République, an XII (1804), un vol. in-folio. Des notions botaniques d'un haut intérêt sont classées sous divers titres dans cet ouvrage. Au chapitre relatif à la topographie nous lisons : « On trouve, dans un bois proche Saint-Maixent, une quan-« tité prodigieuse de *Cyclamen europæum*, que l'on ne ren-« contre spontané dans aucun autre lieu du département. » (p. 121.) Cette plante, qui est devenue rare à Saint-Maixent, est le *C. neapolitanum* Tenore, que nous avons retrouvé parfaitement sauvage dans une grande partie de la commune de l'Enclave. Le *Cornus mas* et le *Rhamnus cathartica* se trouvent en quantité dans les haies de la commune de Couture-d'Argenson (123); l'*Urtica pilulifera* et le *Momordica elaterium* sont vulgaires à Thouars (130). Dans le chapitre qui traite de l'agriculture, l'auteur nous donne la liste des plantes de grande culture (234), puis celle de petite culture (235), où il exprime le regret de ne pas voir cultiver dans nos contrées le houblon, qui y croît spontanément, et la garance, *Rubia tinctorum* L., alors qu'une espèce voisine, *Rubia peregrina* L., s'y trouve abondamment à l'état sauvage. Vient ensuite un catalogue des plantes nuisibles à l'agriculture, énumération exacte et presque complète des végétaux qui croissent dans nos moissons (236-237). Un peu plus loin se trouve la nomenclature des espèces nombreuses qui composent les prés naturels (243-244). Dans cette longue nomenclature se trouvent plusieurs erreurs de détermination, entre autres : *Phalaris utriculata, Bromus squarrosus, Selinum carvifolia*; mais cela n'empêche pas les renseignements contenus dans cet ouvrage d'être fort intéressants. Ces renseignements sont, pour la plupart, le résultat des observations de Jozeau, professeur à l'école centrale, et de Guillemeau, dont nous parlions tout à l'heure.

Puisque la bibliographie ancienne de la botanique spéciale aux Deux-Sèvres est si pauvre, il faut chercher dans les ouvrages généraux ou étrangers au département les origines de notre Flore.

Le plus ancien document que nous connaissions sur une plante de notre pays se trouve dans *Les divers exercices de Jacques et Paul Contant, père et fils, maistres apoticaires de la ville de Poictiers*. Poitiers, 1628, un vol. in-folio. On lit à la page 106 des *Commentaires sur Dioscorides* : « D'autres « Roseaux se trouvent ès marests sablonneux de Magné et « de Coulon, au pays de Bas-Poictou, près Nyort, lesquels « sont de la hauteur de cinq à six pieds, et les nomment « entre eux Roux, c'est-à-dire Roseau : d'iceux Roseaux « s'en font les peignes et lames à l'usage des tisserands « tant à fil qu'à laine. » Ce roseau est le *Phragmites communis* Trinius, qui sert encore aujourd'hui au même usage.

Le premier botaniste qui, à notre connaissance, ait exploré une partie du territoire du Poitou comprise actuellement dans le département des Deux-Sèvres, est Guettard. On trouve un souvenir de cette excursion dans ses *Observations sur les plantes*; Paris, 1747, 2 vol. in-12. Nous pouvons suivre presque pas à pas son voyage de Saumur aux bords de la mer, en relevant les indications de localités qu'il signale avec soin. A Thouars, il recueille les *Astrocarpus Clusii* Gay (I, 225), *Polycarpon tetraphyllum* L. (II, 427), *Umbellicus pendulinus* DC. (437), *Campanula Erinus* L. (429), *Plantago carinata* Schrader (428). Il trouve l'*Ane-

thum graveolens L. (II, 432), à Coulonges-Thouarsais, le
Lobelia urens L. (II, 35) et l'*Erica scoparia* L. (111) dans les
landes de Saint-Porchaire. Il passe à Bressuire sans y noter
aucune plante, mais entre cette ville et la Forêt-sur-Sèvre
il récolte le *Linum Radiola* L. (II, 105), puis à la Forêt et
aux environs les *Elatine hexandra* DC. et *E. major* Braun
(II, 410), *Hypericum hirsutum* L. (452), *Adenocarpus complicatus* Gay (417), *Trapa natans* L. (443), *Limnanthemum
nymphoides* Linck (442). De là il visite Réaumur, Luçon,
les Sables-d'Olonne, la Rochelle et Rochefort. Il indique
le *Peplis portula* L. (II, 117) en plusieurs endroits de Saumur à Réaumur sans localités précises, et l'*Androsæmum
officinale* All. (II, 451), qu'on lui a dit exister aux environs
de Châtillon-sur-Sèvre. Après ces indications, qui presque
toutes ont été vérifiées, il convient d'en signaler deux dont
l'authenticité doit être mise en doute. C'est d'abord le *Beta
maritima* L. (II, 423) qui est commun dans les marais
salants et qu'on trouve, dit Guettard, « au bas du château
« de Thouars, en descendant au bac de Saint-Jean. » Est-
ce que Guettard n'aurait pas eu plutôt en vue le *Beta vulgaris* L. échappé des jardins? La seconde plante douteuse
est, d'après les synonymes cités, le *Saxifraga hirculus* L.
(II, 438). Cette plante de montagne n'a point été retrouvée
et ce n'était point Guettard qui l'y avait recueillie. « M. Ber-
« nard de Jussieu m'a dit l'avoir eue des environs de
« Thouars. On l'y appelle *Popilles de Rat.* » Malgré l'auto-
rité respectable de Bernard de Jussieu et l'exactitude scru-
puleuse de Guettard, nous sommes forcés d'émettre ici un
doute qui se rapproche d'une négation.

Bonamy, dans son *Floræ Nannetensis prodromus*, Nantes,
1782, un vol. in-8°, signale plusieurs des plantes qui croissent aux environs de Thouars.

Aubert du Pétit-Thouars herborisa souvent à Thouars et aux environs; il y découvrit, vers 1789, une plante fort rare, le *Milium scabrum* Richard. Dans l'ouvrage intitulé : *Herborisations dans le département de Maine-et-Loire et aux environs de Thouars*, par Merlet de la Boulaye, Angers, 1809, un vol. in-18, se trouve le résultat des explorations de du Petit-Thouars que Merlet s'attribue (Boreau, *Additions à la notice sur le jardin botanique d'Angers*). Le catalogue des plantes de Thouars offre de l'intérêt, quoique Merlet y ait ajouté des noms de plantes très certainement étrangères au pays.

Bastard indique, dans le *Supplément* à son *Essai sur la Flore de Maine-et-Loire*, 1812, quelques plantes remarquables qu'il avait observées aux environs de Thouars. Il y fit plusieurs herborisations qui ont été publiées par M. Béraud, en 1852, dans les *Mémoires de la Société d'agriculture d'Angers*.

La *Flore de Maine-et-Loire*, de Guépin, publiée en 1830, la seconde édition de 1838, ainsi que ses suppléments de 1850-1857, contiennent des notes botaniques sur le nord du département des Deux-Sèvres.

La *Flore de la Vienne*, de Delastre, 1842, est enrichie de quelques indications de plantes rares des environs de Thouars, d'Oiron et de Menigoute.

En publiant la seconde édition de sa *Flore du Centre*, 1849, Boreau étendit ses études à tout le bassin de la Loire ; une partie de notre département se trouva ainsi rattachée à ce grand et célèbre travail. Boreau voulut voir par lui-même, et dans ce but il explora plusieurs points de notre territoire, entre autres le canton de Sauzé-Vaussais, arrosé par des affluents de la Loire. Les environs de Thouars, comme à toutes les publications précédentes, fournirent surtout un large contingent à la *Flore du centre de la France et du bassin de la Loire*. Dans la 3e édition, 1857, le département des Deux-Sèvres est mieux représenté, parce que le goût des études botaniques s'était beaucoup répandu depuis la publication de l'édition précédente et que des relations s'étaient établies entre Boreau et les botanistes de notre pays.

M. Lloyd, de Nantes, a publié en 1854 sa *Flore de l'Ouest*. Cet ouvrage, pour lequel M. Lloyd a consulté tous les herbiers des amateurs des Deux-Sèvres, peut être regardé comme l'expression exacte de la Flore départementale telle qu'elle était connue au moment de la publication. Depuis lors, les études se sont agrandies, les observations se sont multipliées, et la science de l'auteur n'a pu remplacer les notions locales qui lui manquaient, ainsi qu'il l'avoue loyalement. Quoi qu'il en soit, la *Flore de l'Ouest* est l'ouvrage où l'on trouve les notes les plus complètes, les renseignements les plus nombreux sur l'ensemble de la végétation de notre département. Depuis lors, dans les deux éditions suivantes de 1868 et de 1876, l'auteur a continué à tenir son ouvrage au courant des connaissances acquises.

La *Flore de France*, de Grenier et Godron (1848-1855) signale un bon nombre de localités des Deux-Sèvres, entre autres : *Asphodelus sphærocarpus* GG., dans la forêt de l'Hermitain ; *Melica nebrodensis* Parlat., à Bressuire. Ces deux indications avaient déjà été publiées dans les *Notices botaniques* lues à la Société d'émulation du Doubs, par M. Grenier, en 1854.

L'abbé La Croix, dans ses *Nouveaux faits botaniques pour servir à l'histoire des plantes de la Vienne* (1859), insérés au

Bulletin de la Société botanique de France, vi, 562, mentionne aux environs de Saint-Maixent une station intéressante du *Caryolopha sempervirens* Fisch. et Traut.

Dans le *Catalogue des plantes de Maine-et-Loire*, 1859, Boreau indique un certain nombre d'espèces qui se trouvent à Saint-Pierre-des-Champs, au Puy-Saint-Bonnet, localités qui appartiennent à l'arrondissement de Bressuire.

Un botaniste qui a habité longtemps le département de la Vendée, tout près de la limite des Deux-Sèvres, Gaston Genevier, a publié (Angers 1866) un *Extrait de la Florule des environs de Mortagne-sur-Sèvre*. On y trouve de nombreux et intéressants renseignements sur le nord de notre département. On en trouve aussi dans l'*Essai sur les Rubus*, du même auteur, publié en 1869.

Ici se présente sous notre plume le nom d'un de nos compatriotes, Mathieu Palustre, médecin à Niort, qui eut pendant toute sa vie une prédilection pour les études botaniques. Né à Niort, le 22 septembre 1775, il mourut dans la même ville, le 3 novembre 1846. Quoiqu'il n'ait rien publié sur la végétation des Deux-Sèvres, son exemple a dû être une excitation ou un encouragement pour plus d'un travailleur inconnu. En septembre 1834, il communiqua au Congrès scientifique de France réuni à Poitiers, un tableau ou cadre de jardin botanique en miniature, où sont établies méthodiquement les divisions principales du règne végétal. Desvaux rendit compte au Congrès de ce travail ingénieux, pages 78-79, et une note de l'auteur fut insérée au même recueil, pages 523-524, sous le titre : *Tableau de botanique à pièces mobiles.*

Quelques années après, Palustre fit paraître ses *Etudes de botanique ou classification des végétaux d'après les méthodes de Jussieu et de Candolle, avec deux nomenclatures botaniques distinctes par leurs désinences, l'une pour les familles et l'autre pour les sous-familles.* Poitiers, 1840, in-4°, 36 pages. Cet ouvrage est la publication détaillée de son invention du tableau à pièces mobiles et des perfectionnements qu'il y a ajoutés. Là il adopte pour principe que le nom de chaque famille doit exclusivement être tiré du nom d'un des genres de la famille et avoir la terminaison en *acées*, et que le nom des sous-familles doit être terminé en *ées* seulement. Il eut le courage d'admettre radicalement cette réforme qui n'est pas encore entièrement acceptée par la science, mais qui tend à s'y introduire de plus en plus.

Palustre dédia, l'année suivante, à Adrien de Jussieu une petite brochure qui a pour titre : *Botanique. — Notice qui devait être lue à la séance que la Société d'agriculture des Deux-Sèvres avait le projet de donner pendant la dernière session du Conseil général.* Niort, 1841, in-8°, 12 p. Il y expose sommairement l'idée qui a présidé à la confection de son tableau botanique; il fait ressortir son utilité pratique et finit par demander l'établissement d'un jardin botanique à Niort.

Avant de clore cette histoire abrégée des études relatives à la botanique des Deux-Sèvres, nous devons y rattacher un nom célèbre du temps de Louis XIV; nous voulons parler de Jean de la Quintinye. Né à Saint-Loup en 1626, il se passionna pour l'horticulture et devint directeur général des jardins fruitiers et potagers du roi. Il mourut en 1686, et après sa mort son grand ouvrage de jardinage fut publié par les soins de son fils : *Instructions pour les jardins fruitiers et potagers avec un traité des orangers et des réflexions sur l'agriculture.* Paris, Claude Barbin, 1690, 2 vol. in-4°.

Cet ouvrage eut plusieurs éditions. Il contient des notions horticoles et agricoles très curieuses; le drainage y est expliqué et appliqué d'une manière fort claire et tout-à-fait pratique. On n'y trouve, il est vrai, aucun souvenir de. la terre natale, mais l'horticulture et la botanique étant sœurs, nous ne pouvions passer sous silence ce grand nom qui appartient aux Deux-Sèvres.

Depuis vingt ans, nous avons successivement publié sur la botanique de notre pays les ouvrages suivants :

1° *Catalogue des plantes phanérogames qui croissent spontanément dans le département des Deux-Sèvres*. Niort, Clouzot, 1864, in-8°, 57 pages. (Extrait des *Mémoires* de la Société de statistique, 2° série, in-8°, I, 189-245).

2° *Exploration botanique de l'arrondissement de Bressuire*. Niort, Clouzot, 1867, 24 pages. (*Ibid.*, VI, 283-302). Cet opuscule est l'exposé des résultats obtenus par les herborisations nombreuses de M. O.-J. Richard pendant son séjour à Bressuire.

3° *Flore du département des Deux-Sèvres. Première partie. Manuel analytique*. Niort, Clouzot, 1872, in-12, xxviii-343 p. (*Ibid.*, XI, xxiii-288).

4° *Flore du département des Deux-Sèvres. Deuxième partie. Flore descriptive*, I. Niort, Clouzot, 1878, in-12, viii-502 p. (*Ibid.*, XV, viii-424).

5° *Flore du département des Deux-Sèvres. Deuxième partie. Flore descriptive*, II. Niort, Clouzot, 1880, in-12, ii-478 p. (*Ibid.*, XVIII, ii-403).

Les plantes cryptogames des Deux-Sèvres n'avaient pas encore été étudiées avec soin. Voici un début intéressant :

Catalogue des lichens de Deux-Sèvres, par O.-J. Richard. Niort, Clouzot, 1878, in-8°, 50 p. (Extrait des *Bulletins* de la Société de statistique, III, 169-236).

Maintenant il nous reste à parler du jardin botanique qui a existé à Niort et des herbiers publics.

C'était en 1797 : l'instruction publique venait d'être réorganisée en France par divers décrets de l'an III et de l'an IV ; une Ecole centrale avait été établie dans chaque département. La ville de Niort fut désignée pour recevoir cette école d'instruction supérieure. L'histoire naturelle y était professée par Jozeau, homme actif et intelligent, qui s'efforça de faire jouir ses élèves de tous les moyens d'instruction que la loi mettait à sa disposition. Il n'avait pas occupé sa chaire pendant une année que déjà il s'était aperçu qu'un *jardin botanique* était l'indispensable complément de ses leçons, c'est pourquoi au mois de brumaire an VI (octobre 1797), Jozeau adressa à l'administration centrale des Deux-Sèvres un mémoire pour demander la création à Niort d'un jardin des plantes.

Le Directoire du département accueillit cette demande avec faveur, et, par son arrêté du 7 nivôse an VI (27 décembre), il sollicita du gouvernement la concession, pour l'installation de ce jardin, de la partie de terrain comprise dans l'enceinte du château de Niort et qui servait jadis de place d'armes.

Ce projet fut soumis à la sanction du Corps législatif par le Directoire exécutif dans son message du 9 messidor (27 juin 1798).

Une résolution fut prise le 18 du même mois (6 juillet) par le Conseil des Cinq-Cents, autorisant l'administration centrale des Deux-Sèvres à disposer du terrain désigné pour y établir un jardin botanique.

Cette résolution fut proposée à l'approbation du Conseil des Anciens, et, le 22 fructidor (7 septembre), Morand, député du département des Deux-Sèvres, lut un rapport sur ce sujet. Ce remarquable travail conclut ainsi : « L'Ecole « centrale du département des Deux-Sèvres ne possède « point de jardin botanique ; pour lui en procurer un, « l'administration du département s'est conformée aux dis- « positions de la loi du 25 messidor an IV, elle a désigné « un terrain qui ne saurait être aliéné sans les plus grands « inconvénients pour la sûreté publique, et ne peut être « utilisé que par la destination qu'elle vous a proposée. Le « Directoire exécutif vous engage à accueillir cette demande. « Votre commission vous propose à l'unanimité d'approuver « la résolution. » Le Conseil des Anciens donna son approbation ; le jardin botanique était créé.

Ce jardin n'eut pas une existence bien brillante, mais il ne fut pas sans utilité. Il était situé à proximité de l'Ecole centrale. Jozeau, professeur d'histoire naturelle, et Bernard, professeur de dessin à l'école, s'étaient plu, avec une louable émulation, l'un à disposer le local, l'autre à l'uti- liser. Sa superficie était de 14,630 mètres carrés. On trouve une gravure représentant l'aspect général de cet établissement et une description détaillée dans l'*Almanach des Muses de l'École centrale* ; Niort, an IX (1801), in-12, p. 35-43. Ce jardin ne se peupla pas tout-à-coup. Malgré les soins et le talent du directeur, il était encore dans un état de dénuement et de pauvreté en 1802, ainsi que le dit l'*Annuaire statistique* ; Niort, an IX, in-12, p. 70. Cet état de pénurie ne dura pas toujours.

Situé sur le penchant d'une colline, la partie inférieure
du jardin était spécialement consacrée à l'école botanique.
Quatre terrasses parallèles, s'élevant en amphithéâtre les
unes au-dessus des autres, étaient exclusivement employées
à la formation de la pépinière. En 1804, l'école botanique
contenait 1,600 plantes parmi lesquelles environ 300 plantes
de serre. (Jacquin, *Annuaire statistique pour l'an XII;*
Niort, in-8°, p. 284-287).

La pépinière contenait un grand nombre d'arbres et
d'arbustes indigènes et exotiques, ainsi qu'une collection de
toutes les variétés de vigne qui se trouvaient sur le territoire
des Deux-Sèvres. Afin de distribuer les graines aux agricul-
teurs, on y cultivait certaines plantes alors peu connues,
telles que le lin de Sibérie, le trèfle incarnat, le chou-rave,
le rutabaga. C'est dans ce jardin que Jozeau avait établi son
cours de botanique et de culture. (Jacquin, *Annuaire statistique pour l'an XIII*, Niort, in-8°, p. 402-405).

Nous avons le *Programme du cours de culture* de 1800
(Niort, an VIII, in-8°, 22 p.) publié par ce professeur. La
première partie du cours contient les principes généraux de
chimie et de minéralogie ; la seconde partie est réservée
spécialement à la botanique divisée en anatomie, physiologie
et chimie végétale, culture théorique et pratique, nomenclature et propriétés des plantes.

L'Athénée de Niort voulut orner le jardin en réveillant le
souvenir d'une de nos gloires nationales. Il ouvrit un con-
cours dont le programme, arrêté le 21 avril 1806, proposait
l'Eloge de du Plessis-Mornay, et en même temps ouvrait
une souscription publique pour élever un monument à ce
célèbre chef du protestantisme dans le Poitou. Ce monument devait être édifié dans le vallon du jardin des plantes
sur le plan proposé par le professeur Bernard.

L'éloge qui a emporté le prix en mai 1809 est de Henri Duval ; il a été publié en 62 p. in-8°, mais on ne sait rien de l'accueil fait au projet de souscription et de monument dont le progamme avait été publié sous le titre de *Monument à la gloire de du Plessis-Mornay*, et envoyé aux principales communes de France, à tous les consistoires et à toutes les Socités savantes. (*Bulletin* de la Société de l'histoire du protestantisme français, 15 mai 1870, p. 228-236).

Jusqu'en 1821, que devint le jardin botanique ? Nous l'ignorons entièrement. A cette dernière date, au mois d'août, le Conseil général tira un instant de l'oubli, pour l'y replonger tout-à-fait, cet établissement public, et prit l'arrêté suivant que nous copions textuellement : « Le Conseil « général considérant que l'emplacement le plus convenable pour la construction des archives et bureaux de « la préfecture serait l'ancien jardin des plantes appartenant « à la ville de Niort, lequel n'a en ce moment aucune desti- « nation utile,..... arrête que, sous la condition que la ville « de Niort ferait gratuitement l'abandon du terrain sus- « indiqué, le corps de bâtiment, nécessaire au placement « des archives et bureaux de la préfecture, sera immédiate- « ment construit dans l'ancien jardin des plantes de cette « ville, sur un plan auquel se rattachera le projet de cons- « truction ultérieure de l'hôtel de la préfecture. »

Par le même arrêté, le préfet était invité à faire des ouvertures à la ville de Niort dont le Conseil municipal accéda, sans nul doute, à la demande du Conseil général. Les constructions projetées ne tardèrent pas à s'élever, et quelques années après la première pierre du nouvel hôtel de la préfecture fut posée, le 13 septembre 1828. Ainsi finit, après une existence éphémère, le jardin des plantes de la ville de Niort, dont les beaux arbres de la partie ouest du jardin de la préfecture sont les derniers représentants.

Un peu plus tard, la Société de statistique, à peine organisée, songea à créer un Musée départemental et fit appel aux hommes de bonne volonté. Chacun, suivant son aptitude, ses talents ou ses moyens, contribua à donner de l'importance à cette utile fondation.

En 1840, M. Lasseron fit don d'une collection d'échantillons de bois accrus sur le sol des Deux-Sèvres (*Mémoires de la Société de statistique*, IV, 51). Ces échantillons, tous de même forme et de mêmes dimensions, étaient le commencement d'une série qui promettait de devenir intéressante et qui malheureusement n'a pas été continuée.

La même année, M. J. Taillefer, pharmacien à Créon, donna à la Société un herbier assez nombreux de plantes qu'il avait en partie récoltées pendant son séjour à Niort. Employé dans les hôpitaux militaires, M. Taillefer profita du peu de temps et de liberté que lui laissait son service pour étudier la botanique sous la direction de Jozeau. (*Mémoires* de la Société de statistique, IV, 151.) Cet herbier, assez bien conservé, ne porte malheureusement avec le nom de la plante aucune indication de localités. Cette lacune lui ôte tout intérêt actuel. Il est classé suivant le système sexuel de Linné, et le catalogue qui y est joint porte la date du 30 brumaire an IX (21 novembre (1800).

Un autre herbier fort singulier a été donné au Musée. C'est un volume petit in-folio qui porte le titre suivant : *Herbier ou collection de différentes plantes médicinales recueillies à Saint-Anbin-le-Clou, dans le cours de l'année 1812.* Les plantes que contient ce volume sont collées sur chaque page et portent avec leurs noms l'indication de leurs vertus curatives. Le donateur et l'auteur sont inconnus.

M. Braguier, auteur du petit livre dont nous avons précédemment parlé, fit hommage au Musée d'une centaine de plantes des environs de Saint-Maixent, auxquelles il joignit plusieurs espèces des Pyrénées et de la Vendée. Malgré quelques erreurs de détermination, cette petite collection offre un intérêt local et pourra être réunie à la grande collection dont nous allons parler.

Appelé à Niort par ses fonctions d'employé des contributions indirectes, M. Anatole Guillon, actuellement directeur de la même administration, vint habiter notre pays vers 1850. Chercheur infatigable, habitué depuis longtemps aux longues herborisations, il entreprit la récolte d'un herbier du département. Pour mener un pareil projet à bonne fin, il fit preuve d'une persévérance rare et d'une aptitude remarquable. Quelques années s'étaient à peine écoulées qu'il lui fut possible, en quittant Niort, de léguer au Musée un herbier de près de 1,000 plantes indigènes. Cette collection, parfaitement classée et installée, est certainement un des plus riches cadeaux faits au Musée départemental depuis sa fondation.

Aujourd'hui (septembre 1883) on parle de la création à Niort d'un nouveau jardin botanique et du don fait à la Société de statistique de l'herbier de M. Bonneau, herbier que nous avons plus d'une fois consulté avec fruit. Nous adressons nos félicitations à la ville de Niort et à la Société scientifique, à l'une pour sa bonne fortune, à l'autre pour sa générosité, en souhaitant vivement que les projets réussissent.

FLORE

DES DEUX-SÈVRES

MANUEL ANALYTIQUE

ANALYSE DES FAMILLES

1. Plantes dont les fleurs sont munies d'étamines
ou de pistils. (Phanérogames). 2
Plantes fructifiant sans étamines ni pistils.
(Cryptogames) 200

2. Corolle papilionacée ; dix étamines monadelphes
ou diadelphes. *Papilionacées*, XII.
Non. 3

3. Fleurs et fruits renfermés dans un réceptacle
pyriforme, succulent ; arbre à suc laiteux.
Artocarpées, LXXV.
Non. 4

4. Herbes à suc laiteux ; ovaire pédicellé, formé

1

de trois coques monospermes. *Euphorbiacées,* XXXIX.

Non. **5**

5. Plante parasite sur les arbres. *Loranthacées,* LXXI.

Non. 6

6. Fleurs en capitule, disposées sur un réceptacle et entourées d'un involucre à plusieurs folioles. 7

Fleurs non disposées en capitule involucré. . 13

7. Anthères soudées entre elles, au moins par leur base. 8

Anthères entièrement libres 9

8. Anthères soudées dans toute leur longueur; un akène. *Composées,* LXIV.

Anthères soudées par leur base seulement; une capsule à graines nombreuses. *Campanulacées,* LXI.

9. Fleurs monoïques, les mâles en capitules globuleux, les femelles solitaires ou géminées. *Ambrosiacées,* L.

Fleurs toutes hermaphrodites et en capitule. . 10

10. Ovaire supère. *Globulariées,* LVI.

Ovaire infère. 11

11. Feuilles opposées. *Dipsacées,* LXIII.

Feuilles verticillées. *Rubiacées,* XXII.

Feuilles alternes ou radicales. 12

12. Plante épineuse. *Ombellifères*, XXIV.
Plante non épineuse. *Campanulacées*, LXI.

13. Périanthe nul. 14
Fleurs périanthées. 17

14. Arbre élevé. *Oléacées*, LV.
Herbes. 15

15. Plantes aquatiques. 16
Plantes terrestres. *Aroïdées*, XCII.

16. Plantes flottantes, lenticulaires ou triangulaires,
à racines ne touchant pas au sol ou nulles.
Lemnacées, XCI.
Racines implantées dans le sol 17

17. Plantes dioïques. 18
Plantes monoïques. 39
Plantes hermaphrodites 59

18. Tige volubile ou grimpante. 19
Non. 21

19. Feuilles lisses, luisantes. *Dioscorées*, LXXXVIII.
Feuilles rudes, non luisantes. 20

20. Des vrilles. *Cucurbitacées*, XVIII.
Point de vrilles. *Artocarpées*, LXXV.

21. Tige ligneuse ou sous-arbrisseau à feuilles piquantes. 22
Non 26

22. Feuilles persistantes. 23
Feuilles caduques. 24

23. Feuilles linéaires, piquantes. *Conifères*, LXXVII.
     Feuilles ovales, piquantes. *Liliacées*, LXXXVIII.
     Feuilles ovales ou elliptiques, non piquantes.   24

24. Feuilles opposées. *Acérinées*, XXX.
     Feuilles alternes.   25

25. Une baie. *Rhamnées*, XXV.
     Une capsule. *Salicinées*, XLVI.
     Une samarre. *Ulmacées*, LXXVI.

26. Plantes aquatiques.   27
     Plantes terrestres   29

27. Périanthe pétaloïde. *Hydrocharidées*, LXXXII.
     Périanthe non pétaloïde ou nul   28

28. Feuilles denticulées ou carpelles prolongés par
     le style persistant. *Naïadées*, LXXX.
     Feuilles entières ; fruit se divisant en quatre
     carpelles à dos caréné. *Callitrichinées*, XVI.

29. Feuilles opposées   30
     Feuilles alternes, éparses ou sétacées-fasci-
     culées   33

30. Périanthe pétaloïde.   31
     Non   32

31. Feuilles caulinaires pennatifides. *Valérianées*,
     LXII.
     Toutes les feuilles entières. *Caryophyllées*,
     XXXV.

32. Des poils à piqûre brûlante. *Urticées*, IX.

Plantes glabres ou dépourvues de poils à piqûre brûlante. *Euphorbiacées*, XXXIX.

33. Feuilles sétacées-fasciculées ou ovales et piquantes à l'extrémité. *Liliacées*, LXXXVIII.
Non.   34

34. Fleurs en ombelle. *Ombellifères*, XXIV.
Non.   35

35. Feuilles ailées avec impaire. *Rosacées*, XIII.
Non.   36

36. Stigmate en pinceau; fleurs involucrées. *Urticées*, IX.
Non.   37

37. Des stipules scarieuses. *Polygonées*, LXX.
Point de stipules.   38

38. Feuilles linéaires. *Daphnées*, XI.
Feuilles plus ou moins élargies. *Chénopodées*, LXIX.

39. Arbres, arbustes ou sous-arbrisseaux . . .   40
Herbes.   47

40. Périanthe pétaloïde.   41
Non.   42

41. Feuilles à 3-5 lobes. *Acérinées*, XXX.
Feuilles entières, denticulées. *Rhamnées*, XXV.
Feuilles très entières, luisantes, plus longues que les entre-nœuds   43

42. Feuilles persistantes. 43
    Feuilles caduques 45

43. Feuilles luisantes, non piquantes. *Buxacées,* XXVII.
    Feuilles piquantes 44

44. Feuilles linéaires. *Conifères,* LXXVII.
    Feuilles plus ou moins élargies. 45

45. Trois-quatre étamines. *Bétulacées,* LXXII.
    Cinq-vingt étamines. 46

46. Styles rouges ou roses. *Corylées,* LXXIII.
    Styles ni rouges ni roses. *Quercinées,* LXXIV.

47. Périanthe pétaloïde. 48
    Non. 52

48. Fruit charnu; plante rude. *Cucurbitacées,* XVIII.
    Fruit sec. 49

49. Feuilles en fer de flèche; fleurs roses; plante aquatique. *Alismacées,* LXXVIII.
    Non. 50

50. Feuilles découpées 51
    Feuilles linéaires, entières. *Plantaginées,* LXVIII.

51. Plante terrestre. *Ombellifères,* XXIV.
    Plantes aquatiques 55

52. Plantes vivant dans l'eau 53
    Plantes terrestres ou des bords des eaux. . . 56

53. Fleurs en chatons cylindriques ou globuleux.
    Typhacées, XC.
    Non. 54

54. Feuilles entières ou seulement denticulées. . 28
    Feuilles divisées en lanières étroites. . . . 55

55. Fleurs en épis ou en verticilles axillaires. *Ona-*
    grariées, XV.
    Fleurs solitaires, axillaires. *Cératophyllées*, X.

56. Feuilles opposées. *Urticées*, IX.
    Feuilles alternes. 57

57. Feuilles graminiformes. *Cypéracées*, XCIII.
    Non. 58

58. Stigmate en pinceau ; fleurs involucrées. *Urti-*
    cées, IX.
    Non. *Chénopodées*, LXIX.

59. Arbres, arbrisseaux ou sous-arbrisseaux. . . 60
    Herbes. 79

60. Feuilles coriaces, plus ou moins piquantes. . 61
    Feuilles non piquantes 62

61. Fleurs jaunes. *Berbéridées*, II.
    Fleurs blanches ou rosées. *Ilicinées*, XXVIII.

62. Plus de dix étamines 63
    Dix étamines au plus 66

63. Une seule enveloppe florale. *Renonculacées*, I.
    Un calice et une corolle 64

64. Pédoncule floral muni d'une longue bractée
    lancéolée ; fleurs très odorantes. *Tiliacées*, XLI.
    Non. 65

65. Fruit sec, capsulaire. *Cistinées*, XLIII.
    Fruit charnu. *Rosacées*, XIII.

66. Deux étamines. *Oléacées*, LV.
    Plus de deux étamines. 67

67. Des vrilles ou des grappes opposées aux feuilles.
    Ampélidées, XXIX.
    Non. 68

68. Fruit ailé (samarre). **69**
    Fruit non ailé. 70

69. Feuilles entières, seulement dentées. *Ulmacées*,
    LXXVI.
    Feuilles à 3-5 lobes. *Acérinées*, XXX.

70. Feuilles linéaires. *Ericacées*, LIX.
    Feuilles plus ou moins élargies 71

71. Une seule enveloppe florale. *Daphnées*, XI.
    Un calice et une corolle. 72

72. Corole monopétale 73
    Corolle polypétale. 75

73. Fruit bacciforme. *Caprifoliacées*, XXI.
    Fruit capsulaire. 74

74. Fleurs d'un blanc jaunâtre, en grappes corym-
    biformes, axillaires. *Asclépiadées*, LII.
    Fleurs solitaires, axillaires. *Apocynées*, LI.

75. Feuilles alternes.   76
     Feuilles opposées.   78

76. Tige sarmenteuse.   77
     Tige non sarmenteuse. *Rhamnées*, XXV.

77. Fleurs violettes, en corymbes rameux. *Sola-
     nées*, L.
     Fleurs jaunâtres, en ombelle simple, globuleuse.
     Araliacées, XXIII.

78. Fruit drupacé; feuilles finement tomenteuses
     en dessous; fleurs jaunes ou blanches. *Cor-
     nées*, XX.
     Fruit sec; feuilles glabres; fleurs d'un blanc
     verdâtre. *Célastrinées*, XXVI.

79. Des écailles au lieu de feuilles; tige quelquefois
     souterraine et écailleuse.   80
     Des feuilles vertes ou feuilles nulles au moment
     de l'anthèse.   82

80. Etamines soudées au pistil. *Orchidées*, LXXXVI.
     Non.   81

81. Deux ou trois ou six étamines; périanthe sca-
     rieux ou glumacé.   82
     Quatre étamines. *Orobanchées*, XLVIII.
     Huit-dix étamines. *Monotropées*, LX.

82. Périanthe composé d'un calice et d'une corolle
     véritables   83
     Ni vrai calice, ni vraie corolle; périanthe péta-
     loïde ou herbacé ou scarieux ou nul.   .   .   .   153

83. Corolle polypétale 84
Corolle monopétale 123

84. Ovaire supère. 85
Ovaire infère. 117

85. Feuilles trifoliolées, à folioles obcordées, acides.
Oxalidées, XXXIII.
Non. 86

86. Des stipules; plantes terrestres 87
Stipules nulles ou plantes aquatiques. . . . 93

87. Un éperon à la base de la fleur. *Violacées*,
XLV.
Non. 88

88. Carpelles terminés en long bec. *Géraniacées*,
XXII.
Non. 89

89. Etamines nombreuses 90
Etamines ne dépassant pas le nombre dix . . 92

90. Etamines soudées par les filets en tube non
fendu. *Malvacées*, XL.
Non. 91

91. Feuilles lobées. *Rosacées*, XIII.
Feuilles non lobées. *Cistinées*, XLIII.

92. Feuilles alternes, au moins sur les rameaux
fleuris, ou éparses, ou sépales blancs-spon-
gieux. *Paronychiées*, XXXVI.
Feuilles toutes opposées ou linéaires-fasciculées,
ou sépales herbacés. *Caryophyllées*, XXXV.

93. Feuilles entières, ovales-arrondies, en cœur, flottantes : étamines à filets souvent pétaloïdes. *Nymphéacées*, III.
Non. . . . . · 94

94. Quatre-six pétales inégaux, les plus grands à limbe lacinié. *Résédacées*, VII.
Non. 95

95. Feuilles lobées ou ailées. . · 96
Feuilles entières ou seulement dentées ou crénelées 99

96. Quatre étamines libres dans une fleur jaune, ou six étamines soudées en deux faisceaux par les filets, dans une fleur rouge ou rosée. *Fumariacées*, V.
Non. 97

97. Deux sépales très caducs ; quatre pétales ; plantes lactescentes. *Papavéracées*, IV.
Plus de deux sépales. 98

98. Quatre pétales ; quatre sépales. *Crucifères*, VI.
Au moins cinq pétales ou 3-5 sépales. *Renonculacées*, I.

99. Plusieurs ovaires 100
Un seul ovaire 103

100. Feuilles charnues. *Crassulacées*, VIII.
Non. 101

101. Feuilles jonciformes. *Juncaginées*, LXXXI.
Non. 102

12 ANALYSE DES FAMILLES.

102. Trois sépales ; trois pétales. *Alismacées* , LXXVIII.
   Cinq pétales ou plus. 98

103. Calice à 8-12 dents insérées au sommet du réceptacle et disposées sur deux rangs, les intérieures plus petites. *Lythrariées*, XIV.
   Non. 104

104. Feuilles opposées, au moins les inférieures, ou verticillées ou fasciculées. 105
   Feuilles alternes ou toutes radicales 113

105. Huit étamines monadelphes à la base, libres en haut. *Polygalées*, XXXI.
   Non. 106

106. Etamines nombreuses 107
   Etamines ne dépassant pas le nombre dix . . 109

107. Feuilles charnues ; capsule s'ouvrant circulairement. *Portulacées*, XXXVII.
   Feuilles non charnues ; capsule s'ouvrant par des valves 108

108. Un style ou un stigmate ; étamines libres. *Cistinées*, XLIII.
   Trois-cinq styles ; étamines réunies par la base des filets en plusieurs faisceaux. *Hypéricinées*, XLII.

109. Deux-trois sépales 110
   Calice à plus de trois sépales ou de trois dents. 111

110. Feuilles munies de petites stipules scarieuses. 111
   Point de stipules. *Portulacées*, XXXVII.

111. Plantes aquatiques , radicantes. *Elatinées* ,
      XXXVIII.
      Plantes terrestres ou plantes ayant dix éta-
      mines ou cinq pétales.   112

112. Capsule s'ouvrant le plus souvent au sommet
      en un nombre de valves ou de dents égal à
      celui des styles ou double; rarement une
      baie; tiges ordinairement noueuses. *Caryo-*
      phyllées, XXXV.
      Capsule ovoïde ou globuleuse se partageant à
      la maturité en quatre-cinq pièces dispermes
      ou en huit-dix pièces monospermes; tiges
      sans nœuds. *Linées*, XXXIV.

113. Des poils glandulifères autour des feuilles ou
      dans la corolle. *Droséracées*, XLIV.
      Non.   114

114. Deux lobes du calice bien plus grands que les
      autres; fleurs irrégulières en grappes spici-
      formes.   105
      Non.   115

115. Etamines nombreuses. *Cistinées*, XLIII.
      Etamines ne dépassant pas le nombre dix .   .   116

116. Capsule se divisant en plusieurs lobes .   .   .   112
      Capsule à deux valves ou indéhiscente. *Cruci-*
      fères, VI.

117. Des stipules. *Rosacées*, XIII.
      Point de stipules.   118

118. Feuilles épaisses, charnues ; deux sépales. *Por-
      tulacées*, XXXVII.
      Non. 119

119. Pétales très nombreux ; plante aquatique. . . 93
      Moins de dix pétales. 120

120. Un style ; stigmate souvent divisé en plusieurs
      lobes. 121
      Deux styles ou fleurs en ombelles. 122
      Trois styles. *Caryophyllées*, XXXV.

121. Calice à 2-4 dents, ou 2-4 pétales, ou 2-4-8
      étamines. *Onagrariées*, XV.
      Calice à 8-12 dents, sur deux rangs, les inté-
      rieures plus petites. *Lythrariées*, XIV.

122. Une capsule. *Saxifragées*, XIX.
      Deux akènes d'abord réunis et se séparant à la
      maturité ; fleurs ordinairement en ombelle.
      Ombellifères, XXIV.

123. Ovaire supère. 124
      Ovaire infère. 148

124. Au moins dix étamines ou anthères 125
      Etamines ou anthères n'atteignant pas le nom-
      bre dix. 129

125. Filets des étamines soudés en tube non fendu.
      Malvacées, XL.
      Filets des étamines libres ou soudés, à la base
      seulement, en plusieurs faisceaux. . . . 126

126. Feuilles charnues 127
      Feuilles non charnues 128

127. Un seul ovaire. *Portulacées*, XXXVIII.
 Plusieurs ovaires. *Crassulacées*, VIII.

128. Feuilles entières. *Hypéricinées*, XLII.
 Feuilles découpées. *Renonculacées*, I.

129. Feuilles charnues ou trois étamines : trois
  styles ; 2-3 sépales. *Portulacées*, XXXVIII.
 Feuilles non charnues ou plus de trois étamines ou plus de trois sépales 130

130. Deux-quatre étamines. 131
 Plus de quatre étamines 135

131. Deux étamines. 132
 Quatre étamines. 134

132. Quatre akènes au fond du calice. *Labiées*, LVIII.
 Non. 133

133. Plantes submergées ; feuilles à segments capillaires. *Lentibulariées*, LXVII.
 Plantes non submergées ou feuilles à segments
  non capillaires. *Scrophulariacées*, XLIX.

134. Quatre akènes au fond du calice 135
 Fruit capsulaire ou monosperme indéhiscent. 136

135. Quatre akènes libres. *Labiées*, LVIII.
 Carpelles soudés avant la maturité et se séparant
  ensuite ; fleurs petites, bleuâtres, en long épi
  grêle, interrompu. *Verbénacées*, LVII.

136. Etamines soudées par les filets. 137
 Etamines à filets libres. 138

137. Feuilles entières. *Polygalées*, XXXI.
 Feuilles découpées. *Fumariacées*, V.

138. Corolle scarieuse. *Plantaginées*, LXVIII.
      Non.   139

139. Fleurs petites, bleuâtres, en long épi grêle, in-
      terrompu   135
      Non.   140

140. Deux-quatre carpelles au fond du calice. *Borra-
      ginées*, LIII.
      Une capsule ou une baie   141

141. Quatre étamines didynames; fleurs irrégulières.
      Scrophulariacées, XLIX.
      Fleurs régulières ou plus de quatre étamines.   142

142. Tige rampante ou volubile avec ou sans feuilles.   143
      Tige ni volubile ni aphylle, quelquefois nulle.   145

143. Feuilles alternes ou nulles. *Convolvulacées*,
      LIV.
      Feuilles opposées.   144

144. Capsule allongée, s'ouvrant d'un seul côté (folli-
      cule).   74
      Capsule globuleuse s'ouvrant circulairement ou
      en plusieurs valves au sommet, ou une baie.   145

145. Graines barbues; fleurs d'un blanc jaunâtre,
      en bouquets. *Asclépiadées*, LII.
      Non.   146

146. Etamines insérées sur la corolle et opposées à
      ses lobes. *Primulacées*, LXVI.
      Etamines alternes avec les lobes de la corolle.   147

147. Feuilles opposées, au moins les supérieures,
     ou trifoliolées, ou plante aquatique, ou une
     corolle ciliée ou barbue à l'intérieur. *Gen-
     tianées*, XLVII.
     Feuilles alternes, rarement géminées, jamais
     trifoliolées; fruit capsulaire ou bacciforme.
     Solanées, L.

148. Feuilles verticillées. *Rubiacées*, XXII.
     Non. 149

149. Fruit bacciforme. *Caprifoliacées*, XXI.
     Non. 150

150. Feuilles opposées, au moins les inférieures, . 151
     Feuilles alternes, au moins les inférieures. . 152

151. Feuilles charnues. *Portulacées*, XXXVIII.
     Feuilles non charnues. *Valérianées*, LXII.

152. Étamines soudées à la corolle et opposées à ses
     lobes. *Primulacées*, LXVI.
     Étamines séparées de la corolle ou n'étant pas
     opposées à ses lobes. *Campanulacées*, LXI.

153. Une baie. 154
     Point de baie. 158

154. Feuilles lobées. *Caprifoliacées*, XXI.
     Feuilles entières ou seulement dentées . . . 155

155. Périanthe à un seul lobe allongé en languette;
     étamines soudées au pistil. *Aristolochiées*,
     XVII.
     Non. 156

156. Feuilles verticillées. *Rubiacées*, XXII.
Non. 157

157. Six étamines. *Liliacées*, LXXXVIII.
Moins de six étamines. *Chénopodées*, LXIX.

158. Etamines soudées au pistil. 159
Non. 160

159. Périanthe à plusieurs lobes. *Orchidées*, LXXXVI.
Périanthe à un seul lobe allongé en languette. 155

160. Fleurs paraissant longtemps avant les feuilles.
Colchicacées, LXXXIV.
Fleurs paraissant après les feuilles. 161

161. Feuilles ailées, imparipennées, à folioles dentées. *Rosacées*, XIII.
Non. 162

162. Périanthe à divisions inégales, les plus grandes
laciniées. *Résédacées*, VII.
Non. 163

163. Capsule s'ouvrant circulairement. 164
Fruit indéhiscent ou capsule s'ouvrant par des
valves ou par une fente longitudinale. . . 167

164. Fleurs en tête ou en épi serrés; quatre étamines saillantes; capsule à deux loges uni-
pluriovulées. *Plantaginées*, LXVIII.
Non. 165

165 Feuilles charnues; 8-15 étamines. *Portulacées*, XXXVII.

Feuilles non charnues; moins de huit étamines. *Chénopodées*, LXIX.

166. Deux akènes d'abord réunis et se séparant à la maturité; 5 étamines; 2 styles. *Ombellifères*, XXIV.

Non. 167

167. Feuilles lobées, à segments linéaires ou filiformes; plantes aquatiques submergées ou flottantes. 55

Feuilles à lobes étroits ou plus ou moins élargis; plantes terrestres ou aquatiques ni flottantes ni submergées. 168

Feuilles non lobées, entières quelquefois crénelées ou dentées. 172

168 Fleurs en petites grappes opposées aux feuilles; une silicule ridée-tuberculeuse. *Crucifères*, VI.

Non. 169

169. Fleurs très petites, en fascicules entourés par les stipules foliacées, incisées, soudées en tube évasé; feuilles palmées. *Rosacées*, XIII.

Non. 170

170 Etamines soudées à la base par les filets en deux faisceaux ou quatre étamines libres. *Fumariacées*, V.

Plus de quatre étamines libres. 171

171. Un seul ovaire ou fleurs ni blanches ni irrégulières. *Papavéracées*, IV.
Plusieurs ovaires ou fleurs blanches ou irrégulières. *Renonculacées*, I.

172. Des gaines stipulaires scarieuses, souvent lacérées, à la base des feuilles. *Polygonées*, LXX.
Point de gaines stipulaires ou stipules très petites ou moins de cinq étamines. 173

173. Etamines nombreuses. *Renonculacées*, I.
Etamines ne dépassant pas le nombre dix . . 174

174. Périanthe pétaloïde ou herbacé ou nul . . . 175
Périanthe scarieux - verticillé ou formé d'une ou de plusieurs écailles 185

175. Au moins six étamines munies d'anthères. . 176
Moins de six étamines fertiles. 185

176. Huit étamines au moins. 177
Moins de huit étamines. 180

177. Feuilles arrondies ou réniformes-crénelées. *Saxifragées*, XIX.
Feuilles linéaires, très entières. 178

178. Fleurs roses, en ombelle simple; plante aquatique. *Butomées*. LXXIX.
Plantes terrestres ou fleurs non en ombelle. . 179

179. Etamines monadelphes. *Polygalées*, XXXI.
Etamines libres. *Daphnées*, XI.

180. Fleurs axillaires, solitaires ; périanthe à 8-12
       dents. *Lythrariées*, XIV.
     Non. 181

181. Ovaire infère. *Amaryllidées*, LXXXV.
     Ovaire supère. 182

182. Un seul ovaire. 183
     Plusieurs ovaires. 184

183. Anthères extrorses. *Colchicacées*, LXXXIV.
     Anthères introrses. *Liliacées*, LXXXVIII.

184. Feuilles jonciformes. *Juncaginées*, LXXXI.
     Non. *Alismacées*, LXXVIII.

185. Feuilles linéaires, formant plusieurs verticilles
       superposés sur une tige dressée. *Onagrariées*,
       XV.
     Non. 186

186. Plantes submergées, quelquefois à feuilles flot-
       tantes et à fleurs émergées. 187
     Plantes jamais submergées. 189

187. Fruit indéhiscent, nu. 188
     Fruit capsulaire, ou caryopse entouré de valves
       adhérentes. 196

188. Fleurs en épi ; le plus souvent quatre étamines,
       rarement une seule. *Naïadées*, LXXX.
     Fleurs non disposées en épis ; jamais quatre
       étamines. 28

189. Feuilles opposées ou verticillées. 190
      Feuilles alternes, dépourvues de gaîne. . . . 198
      Feuilles distiques ou tristiques, linéaires, mu-
          nies d'une gaîne entière ou fendue. . . . 197

190. Fruit monosperme, indéhiscent ou feuilles mu-
          nies de stipules scarieuses . . . , . . 191
      Fruit capsulaire, déhiscent ; stipules nulles. . 194

191. Ovaire contenu dans le périanthe herbacé, ou
          feuilles munies de stipules 192
      Ovaire visible sous une fleur pétaloïde ; stipules
          nulles . . . . • . . . 193

192. Une capsule s'ouvrant en 3-4 valves, fleurs
          en cymes ; feuilles parfois verticillées par
          quatre au milieu de la tige. *Caryophyllées,*
          XXXV.
      Fruit indéhiscent, monosperme ou fleurs axil-
          laires ou sépales blancs spongieux. *Parony-
          chiées,* **XXXVI.**

193. Feuilles verticillées. *Rubiacées,* **XXII.**
      Feuilles opposées. *Valérianées,* **LXII.**

194. Quatre-cinq styles ou capsule à six valves ou à
          six dents 112
      Moins de quatre styles ou stigmates ; capsule
          ayant moins de six valves. 195

195. Fleurs sessiles, axillaires, solitaires. *Onagra-
          riées,* **XV.**
      Fleurs en cymes latérales ou terminales. *Portu-
          lacées,* **XXXVII.**

196. Périanthe à six divisions verticillées; ordinaire-
     ment six étamines, rarement trois. *Joncées*,
     LXXXIX.
     Périanthe formé d'une ou de plusieurs écailles
     glumacées ; un caryopse ; 1-3 étamines. . 197

197. Chaume pourvu de nœuds ; gaîne des feuilles le
     plus souvent fendue ; enveloppes florales for-
     mées de plusieurs écailles. *Graminées*. XCIV.
     Tige sans nœuds ; gaîne non fendue ; périanthe
     nul. *Cypéracées*, XCIII.

198. Fleurs pétaloïdes ; feuilles en glaive ; trois éta-
     mines. *Iridées*, LXXXIII.
     Non. 199

199. Un style ; stigmate en pinceau. *Urticées*, IX.
     Un style ; stigmate capité. *Loranthacées*, LXXI.
     Deux ou trois styles ou stigmates. . . . 199 *bis*.

199 *bis*. Périanthe formé de plusieurs pièces. *Chéno-
     podées*, LXIX.
     Périanthe nul. *Cypéracées*, XCIII.

200. Plantes nageantes, lenticulaires ou triangu-
     laires, agrégées ou isolées, à radicelles flot-
     tantes ou nulles. *Lemnacées*, XCI.
     Plantes terrestres ou aquatiques formées par un
     tissu presque semblable dans toutes leurs
     parties, où l'on ne distingue ni vraies racines,
     ni vraies tiges, ni vraies feuilles. *Algues, Li-
     chens, Champignons*.
     Plantes terrestres ou aquatiques dans lesquelles
     on distingue des racines implantées dans le
     sol ou des tiges ou de vraies feuilles . . . 201

201. Racine bulbeuse ; inflorescence en tête. *Liliacées*, LXXXVIII.

Non. 202

202. Tiges sans feuilles, simples ou à rameaux verticillés. 203

Plantes munies de vraies feuilles. 204

203. Fructifications en épis cylindriques ou ovoïdes au sommet de la tige. *Equisétacées*, XCVI.

Fructifications solitaires ou réunies à la base des rameaux. *Characées*, XCVIII.

204. Fructifications pubérulentes, nues ou couvertes, à la face inférieure des feuilles, par une membrane mince ou portées par des pédoncules distincts, *Fougères*, XCV.

Fructifications distinctes des feuilles ou se développant à leur base 205

205. Fructifications globuleuses, coriaces, solitaires, sessiles à la base de feuilles simples, filiformes ; tiges filiformes, rampantes, radicantes ; plantes aquatiques. *Marsiléacées* , XCVII.

Plantes n'offrant pas tous ces caractères réunis. *Lycopodiacées*, *Isoétacées*, *Mousses*, *Hépathiques*, etc., etc.

ANALYSE DES GENRES

DICOTYLÉDONES

---

1. RENONCULACÉES.

1. Carpelles monospermes, indéhiscents. . . . 2
   Une ou plusieurs capsules (*follicules*) déhiscentes, à plusieurs graines. 8

2. Feuilles opposées. *Clematis.* **9**.
   Feuilles alternes ou radicales. 3

3. Une seule enveloppe florale 4
   Deux enveloppes florales, calice et corolle. . 5

4. Un involucre foliacé, découpé, placé un peu au-dessous de la fleur. *Anemone.* **7**.
   Pas d'involucre sous la fleur. *Thalictrum.* **8**

5. Sépales munis à la base d'un appendice tubuleux, plus long que le limbe ; carpelles très nombreux, en épi grêle, accrescent. *Myosurus.* **11**.
   Sépales dépourvus à la base d'appendice tubuleux. 6

6. Pétales à onglet dépourvu de fossette nectarifère ; fleurs rouges, rarement jaunes. *Adonis.*
10.

Un nectaire à l'onglet ; fleurs jaunes ou blanches. 7

7. Ordinairement trois sépales ; huit-dix pétales ;
feuilles en cœur, entières ou crénelées ; fleurs
jaunes. *Ficaria*. **12**.

Cinq pétales et cinq sépales. *Ranunculus*. **13**.

8. Feuilles coriaces, pédalées. *Helleborus*. **5**.

Non. . . . . . . , ... 9

9. Fleurs grandes, jaunes. *Caltha*. **6**.

Fleurs jamais jaunes. 10

10. Fleurs munies d'un ou de plusieurs éperons. . 11

Fleurs non éperonnées 12

11. Fleurs à un seul éperon. *Delphinium*. **2**.

Fleurs à plusieurs éperons. *Aquilegia*. **1**.

12. Feuilles à segments linéaires ; fleurs bleues.
Nigella. **3**.

Feuilles à segments élargis ; fleurs blanches.
Isopyrum. **4**.

II. BERBÉRIDÉES.

Berberis. **14**.

III. NYMPHÉACÉES.

Fleurs blanches ; quatre sépales. *Nymphæa*. **15**.

Fleurs jaunes ; trois sépales. *Nuphar*. **16**.

IV. PAPAVÉRACÉES.

Capsule linéaire en forme de silique ; fleurs
jaunes. *Chelidonium.* **17**.
Capsule globuleuse ou oblongue ; fleurs rouges.
Papaver. **18**.

V. FUMARACIÉES.

1. Fleurs jaunes, à quatre pétales inégaux, libres,
sans bosse ni éperon. *Hypecoum.* **19**.
Fleurs rouges, roses, ou blanches, munies, à la
base, d'une bosse ou d'un éperon. . . . 2

2. Capsule, à deux valves, à plusieurs graines ;
fleurs munies d'un éperon plus ou moins
long. *Corydalis.* **20**.
Capsule globuleuse, indéhiscente, à une seule
graine; fleurs bossues à la base. *Fumaria.* **21**.

VI. CRUCIFÈRES.

1. Fruit au moins trois fois plus long que large.
(*silique*). 2
Fruit à peine plus long que large (*silicule*) . . 20

2. Silique indéhiscente, articulée. *Raphanus.* **22**.
Silique déhiscente. 3

3. Des bulbilles violacés, écailleux, à l'aiselle des
feuilles. *Dentaria.* **48**.
Pas de bulbilles. 4

4. Stigmate divisé en deux lames obtuses . . . 5
Stigmate entier ou seulement échancré . . . 6

5. Lames du stigmate dressées-conniventes; fleurs
   blanches ou roses. *Hesperis.* **42**.
   Lames du stigmate divariquées ; fleurs jaunes.
   Cheiranlus. **43**.

6. Fleurs jaunes.   7
   Fleurs blanches ou roses.   14

7. Feuilles dentées ou les inférieures lobées. . .   8
   Feuilles entières ou obscurément dentées. *Ery-*
   simum. **44**.

8. Graines disposées sur deux rangs dans chaque
   loge de la silique.   9
   Graines sur un seul rang.   10

9. Siliques arquées-ascendantes , linéaires-cylin-
   driques, sans nervure dorsale. *Nasturtium.*
   46.
   Siliques droites, étalées, linéaires-tétragones, à
   valves munies d'une nervure sur le dos. *Di-*
   plotaxis. **48**.

10. Tige anguleuse, sillonnée. *Barbarea.* **45**.
    Tige arrondie, non sillonnée   11

11. Valves de la silique munies chacune de trois
    nervures dorsales.   12
    Valves munies d'une seule nervure sur le dos.   13

12. Valves de la silique emboîtées dans la base du
    style simulant une corne. *Sinapis.* **50**.
    Silique à valves non emboîtées dans la base du
    style. *Sisymbrium.* **47**.

13. Feuilles supérieures entières et pétiolées. *Si-napis. 53.*
Feuilles toutes pennatifides. *Erucastrum.* **49**.

14. Feuilles pennatiséquées. 15
Feuilles entières ou seulement dentées . . . 17

15. Fleurs en grappes terminales ou oppositifoliées. 16
Fleurs solitaires à l'aisselle des feuilles. *Si-symbrium.* **43**.

16. Siliques comprimées, droites. *Cardamine.* **41**.
Siliques subcylindriques, plus ou moins arquées. *Nasturtium.* **46**.

17. Plante glauque; siliques dressées. *Turritis.* **39**.
Plante verte ou siliques étalées. 18

18. Feuilles radicales en rosette. *Arabis.* **38**.
Point de rosette radicale 19

19. Feuilles très entières 7
Feuilles caulinaires fortement dentées . . . 12

20. Silicule déhiscente 21
· Silicule indéhiscente. 32

21. Cloison aussi large que le plus grand diamètre
de la silicule 22
Cloison beaucoup moins large que le plus grand
diamètre de la silicule 26

22. Fleurs jaunes. 23
Fleurs blanches 24

23. Pétales dressés ; plante pubescente-grisâtre *Alyssum*. **35.**
Pétales étalés ; plante verte. *Nasturtium*. **45.**

24. Silicule globuleuse. *Camelina*. **51.**
Silicule ovale ou elliptique 25

25. Pétales bifides ; tiges nues. *Erophila*. **37.**
Pétales entiers ; tige feuillée. *Draba*. **36.**

26. Silicule échancrée à la base et au sommet, à deux loges orbiculaires, aplaties ; fleurs jaunes. *Biscutella*. **28.**
Non ; fleurs blanches ou violettes 27

27. Filets des étamines munis à la base d'un appendice pétaloïde. *Teesdalia*. **30.**
Non. 28

28. Pétales des fleurs extérieures très inégaux. *Iberis*. **29.**
Pétales égaux. 29

29. Silicule triangulaire. *Capsella*. **32.**
Non. 30

30. Une graine dans chaque loge de la silicule. *Lepidium*. **34.**
Deux ou plusieurs graines dans chaque loge. . 31

31. Silicule ailée. *Thlaspi*. **31.**
Silicule non ailée. *Hutchinsia*. **33.**

32. Pétales jaunes. 33
Pétales blancs ou nuls. 34

33. Silicule cunéiforme, ailée, pendante. *Isatis.* **27**.
Silicule globuleuse, étalée. *Neslia.* **24**.
Silicule cylindrique à la base, dilatée au sommet en deux bosses latérales, dressée. *Myagrum.* **23**.

34. Silicule globuleuse, à une loge ; tige ordinairement dressée. *Calepina.* **25**.
Silicule réniforme, à deux loges ; tiges couchées. *Senebiera.* **26**.

VII. RÉSÉDACÉES.

Capsule unique, béante au sommet ; fleurs jaunâtres. *Reseda.* **52**.
Quatre-six capsules disposées en étoile, s'ouvrant par le côté interne ; fleurs blanches. *Astrocarpus.* **53**.

VIII. CRASSULACÉES.

1. Feuilles peltées ; corolle tubuleuse. *Umbilicus.* **55**.
Non. 2

2. Pétales, étamines, carpelles au nombre de trois ou quatre ; très petite plante rougeâtre. *Tillæa.* **56**.
Non. 3

3. Feuilles inférieures élargies, sessiles, en rosette dense. *Sempervivum.* **57**.
Feuilles inférieures n'étant pas en rosette dense. *Sedum.* **54**.

IX. URTICÉES.

Feuilles opposées; herbes à poils produisant une piqûre brûlante. *Urtica*. **59**.
Feuilles alternes. *Parietaria*. **58**.

X. CÉRATOPHYLLÉES.

Ceratophyllum. **61**.

XI. DAPHNÉES.

Fruit bacciforme; fleurs en bouquet. *Daphne*. **63**.
Fruit capsulaire; fleurs en épi grêle. *Passerina*. **62**.

XII. PAPILIONACÉES.

1. Feuilles digitées. *Lupinus*. **69**.
   Non. 2

2. Tous les filets des étamines soudés en tube. . 3
   Au moins une étamine libre. 9

3. Calice formé de deux sépales distincts jusqu'à la base; arbrisseau épineux, toujours vert. *Ulex*. **64**.
   Calice à divisions non distinctes jusqu'à la base. 4

4. Calice enflé-vésiculeux; foliole supérieure très grande. *Anthyllis*. **71**.
   Non. 5

5. Gousse couverte de glandes et longuement saillante hors du calice. *Adenocarpus.* **68**.
   Non.   6

6. Calice à 5 dents linéaires, profondes; étendard
   rayé. *Ononis.* **70**.
   Calice à deux lèvres.   7

7. Calice à lèvre supérieure fendue en deux dents.   8
   Lèvre supérieure du calice divisée jusqu'à la
   base en deux lobes. *Genista.* **66**.

8. Feuilles toutes trifoliolées; petit arbrisseau couché, ou sous-arbrisseau de 1-3 décim., à
   rameaux dressés-ascendants. *Cytisus.* **67**.
   Feuilles supérieures simples; arbrisseau assez
   grand, dressé *Sarothamnus.* **65**.

9. Feuilles à trois folioles.   10
   Feuilles ailées, terminées par une foliole impaire.   16
   Feuilles ailées, à rachis terminé par une vrille
   ou une arête, ou réduites au pétiole ou à une
   vrille, ou plus rarement à une seule foliole
   linéaire-lancéolée.   20

10. Gousse saillante hors du calice.   11
    Gousse incluse. *Trifolium.* **74**.

11. Gousse composée d'articles à une seule graine.
    Coronilla. **84**.
    Gousse non articulée.   12

12. Gousse droite. 13
    Gousse réniforme, ou contournée en faucille ou
      en spirale plus ou moins serrée, avec ou sans
      épines *Medicago*. **72**.

13. Gousse courte, ovoïde ou renflée, contenant
      une-quatre graines. 14
    Gousse linéaire-allongée. 15

14. Fleurs jaunes ou blanches, en grappes axillaires
      longuement pédonculées. *Melilotus*. **73**.
    Fleurs blanches, à carène pourpre, en tête ter-
      minant les rameaux. *Dorycnium*. **75**.

15. Gousse à quatre angles ; fleurs ordinairement
      solitaires. *Tetragonolobus*. **76**.
    Gousse cylindrique ; ordinairement plus de deux
      fleurs sur le pédoncule. *Lotus*. **77**.

16. Gousse à un seul article comprimé, ridé, épi-
      neux, à une seule graine. *Onobrychis*. **87**.
    Gousse à plusieurs graines. 17

17. Gousse présentant sur un de ses bords des
      échancrures en forme de fer à cheval. *Hippo-
      crepis*. **86**.
    Gousse non échancrée sur un de ses bords. . 18

18. Carène obtuse. 19
    Carène acuminée en bec. *Coronilla*. **84**.

19. Gousse composée d'articles à une seule graine.
      Ornithopus. **85**.
    Gousse non articulée, **presque à trois angles**.
      Astragalus. **78**.

20. Gousse bosselée-noueuse, prolongée en bec
court. *Ervilia.* **81**.
Non. 21

21. Style courbé en carène, canaliculé en dessous,
barbu en dessus; stipules foliacées, ovales,
presque aussi grandes ou plus grandes que
les folioles. *Pisum.* **82**.
Style sans canal en dessous. 22

22. Tube formé par les filets des étamines tronqué
très obliquement au sommet. 23
Tube des filets des étamines tronqué à angle
droit. *Lathyrus.* **83**.

23. Gousse à bord supérieur prolongé en bec, ou
style barbu sous le sommet seulement du côté
inférieur. *Vicia.* **79**.
Gousse à sommet symétrique, non prolongé en
bec, ou style velu au sommet et tout autour,
mais non barbu. *Ervum.* **80**.

XIII. ROSACÉES.

1. Feuilles entières ou seulement denticulées. . 2
Feuilles pennatifides, ou lobées, ou palmées,
ou profondément incisées. 6

2 Ovaire placé dans la fleur. 3
Ovaire visible sous la fleur. 4

3. Drupe couverte à la maturité d'une efflorescence
   glauque ; pédoncules égalant à peine le calice.
   Prunus. **92**.
   Drupe dépourvue d'efflorescence glauque ; pédoncules bien plus longs que le calice. *Cerasus*. **93**.

4. Divisions du calice foliacées, très développées.
   Mespilus. **101**.
   Non   5

5. Styles libres ; fruit non ombiliqué à la base.
   Pyrus. **103**.
   Styles soudés à la base ; fruit ombiliqué à l'in-
   sertion du pédoncule. *Malus*. **104**.

6. Fleurs en tête ovoïde, serrée, longuement pédonculée   7
   Non   8

7. Plante monoïque ou polygame ; vingt-trente
   étamines ; deux ovaires ; stigmates plumeux.
   Poterium. **91**.
   Plante hermaphrodite ; quatre étamines ; un
   ovaire ; stigmate en tête. *Sanguisorba*. **90**.

8. Arbrisseau épineux   9
   Herbes ou arbres non épineux.   11

9. Feuilles composées   10
   Feuilles simples, lobées ou dentées. *Cratægus*.
   100.

10. Réceptacle creux renfermant les carpelles osseux, nombreux. *Rosa*. **98**.
Carpelles charnus, disposés sur un réceptacle conique. *Rubus*. **97**.

11. Tige ligneuse; arbre ou arbrisseau. *Sorbus*. **102**.
Herbes. 12

12. Carpelles munis d'une arête genouillée, articulée. *Geum*. **94**.
Carpelles non aristés 13

13. Réceptacle à la fin coriace, hérissé au sommet d'épines subulées et crochues; fleurs en longue grappe lâche. *Agrimonia*. **99**.
Non. 14

14. Fleurs très petites et peu apparentes, disposées en petits fascicules involucrés. *Alchemilla*. **89**.
Fleurs très apparentes, en corymbe, ou solitaires à l'aisselle des feuilles, et plus ou moins longuement pédonculées. 15

15. Un calice et un calicule à cinq lobes chacun. . 16
Calice à cinq lobes, sans calicule. *Spiræa*. **88**.

16. Akènes disposés sur un réceptacle charnu, accrescent, succulent. *Fragaria*. **96**.
Akènes disposés sur un réceptacle sec. *Potentilla*. **95**.

XIV. LYTHRARIÉES.

Capsule cylindrique ou oblongue ; style filiforme. *Lythrum.* **105**.
Capsule subglobuleuse ; style court. *Peplis.* **106**.

XV. ONAGRARIÉES.

1. Feuilles simples, linéaires, nombreuses, verticillées. *Hippuris.* **112**.
   Non. 2

2. Fruit ligneux, armé ordinairement de quatre épines ; feuilles submergées à segments capillaires, les flottantes rhomboïdales, en rosette. *Trapa.* **113**.
   Non. 3

3. Feuilles pectinées, verticillées, à segments capillaires. *Myriophyllum.* **109**.
   Feuilles entières ou seulement dentées. . . . 4

4. Fleurs munies de pétales. 5
   Fleurs sans pétales. *Isnardia.* **110**.

5. Deux pétales profondément bilobés. *Circæa.* **111**.
   Plus de deux pétales. 6

6. Fleurs jaunes. *OEnothera.* **107**.
   Fleurs roses, quelquefois blanches. *Epilobium.* **108**.

XVI. CALLITRICHINÉES.

Callitriche. **114**.

XVII. ARISTOLOCHIÉES.

Aristolochia. **115**.

XVIII. CUCURBITACÉES.

Plante monoïque, dépourvue de vrilles. *Ecbal-lium.* **17**.
Plante dioïque, munie de vrilles. *Bryonia.* **116**.

XIX. SAXIFRAGÉES.

Deux enveloppes florales ; fleurs blanches. *Saxi-fraga.* **118**.
Corolle nulle ; fleurs d'un vert jaunâtre. *Chry-sosplenium.* **119**.

XX. CORNÉES.

Cornus. **120**.

XXI. CAPRIFOLIACÉES.

1. Un seul style. *Lonicera.* **124**.
   Plus d'un style ou stigmate. 2

2. Cinq étamines à filets bipartits, représentant dix étamines ; quatre-cinq styles ; fleurs en tête cubique. *Adoxa.* **121**.
   Cinq étamines à filets simples ; trois stigmates sessiles. 3

3. Feuilles simples, lobées ou dentées. *Viburnum.* **123**.
   Feuilles imparipennées. *Sambucus.* **122**.

XXII. RUBIACÉES.

1. Fruit en forme de baie. *Rubia*. **128**.
   Fruit n'étant pas en forme de baie. 2

2. Fruit couronné par les lobes du calice. *Sherardia*. **125**.
   Non. 3

3. Corolle en cloche ou en roue, à limbe plan et à quatre lobes. *Galium*. **129**.
   Corolle en entonnoir, tubuleuse. 4

4. Fleurs en épi; deux carpelles oblongs. *Crucianella*. **127**.
   Fleurs en cymes autour des rameaux; deux carpelles globuleux. *Asperula*. **126**.

XXIII. ARALIACÉES.

Hedera. **130**.

XXIV. OMBELLIFÈRES.

1. Feuilles et involucre épineux. *Eryngium*. **131**.
   Non. 2

2. Fleurs jaunes ou jaunâtres 3
   Fleurs blanches, rosées ou verdâtres. . . . 8

3. Feuilles simples, entières. *Bupleurum*. **142**.
   Feuilles plus ou moins découpées. 4

4. Involucre à plusieurs folioles. *Peucedanum*. **135**.
   Involucre nul ou à une-deux folioles. . . . 5

5. Feuilles une fois ailées, à lobes larges ; plante
   plus ou moins velue. *Pastinaca* **136**.
   Feuilles deux-trois fois ailées, ou plante glabre.   6

6. Divisions des feuilles capillaires.   7
   Divisions des feuilles planes, linéaires, non
   capillaires. *Silaus*. **159**.
   Divisions des feuilles à segments ovales-créne-
   lés. *Smyrnium*. **156**.

7. Feuilles supérieures sessiles sur une gaine plus
   longue qu'elles ; fruit à coupe transversale
   orbiculaire. *Fœniculum*. **162**.
   Feuilles supérieures sessiles sur une gaine plus
   courte qu'elles ; fruit aplati par le dos. *Anethum*. **134**.

8. Feuilles peltées ; tige grêle, rampante. *Hydrocotyle*. **158**.
   Feuilles non peltées.   9

9. Feuilles ordinairement toutes radicales, longuement pétiolées, palmatipartites, à lobes
   incisés-dentés ; ombelle irrégulière. *Sanicula*.
   132.
   Feuilles ailées.   10

10. Fruits hérissés d'épines ou de soies raides. .   11
    Fruits glabres ou seulement velus.   16

11. Fruit linéaire, atténué en bec court, lisse ; ca-
    lice nul. *Anthriscus*. **140**.
    Fruit non atténué en bec ; calice de cinq sépales.   12

12. Involucre à folioles pennatifides. *Daucus*. **166**.
Non. 13

13. Aiguillons du fruit grêles, disposés irrégulièrement sur le dos du fruit. *Torilis*. **170**.
Aiguillons robustes, disposés en séries régulières sur les côtes du fruit. 14

14. Feuilles deux-trois fois pennées. 15
Feuilles simplement ailées ; rayons de l'ombelle rudes. *Turgenia*. **168**.

15. Involucre à cinq-huit folioles ; plante glabre
ou presque glabre. *Orlaya*. **167**.
Involucre nul ou à un petit nombre de folioles :
plante munie de poils raides, étalés. *Caucalis*.
169.

16. Fruit linéaire ou fusiforme, au moins trois fois
aussi long qu'il est large. 17
Fruit non linéaire. 19

17. Fruit sans bec. *Chærophyllum*. **141**.
Fruit muni d'un bec distinct, plus ou moins
long. 18

18. Fruit muni d'un bec plus court que lui ; involucelle à folioles entières. *Anthriscus*. **140**.
Bec au moins trois fois aussi long que le fruit ;
involucelle à folioles bi-trifides. *Scandix*.
139.

19. Fruit didyme, à méricarpes subglobuleux ;
plante fétide. *Bifora*. **171**.
Fruit non globuleux-didyme. 20

20. Fruit aplati parallèlement à la commissure ;
celle-ci aussi large que le fruit lui-même
dépourvu d'ailes. 21
Fruit nullement comprimé, ou comprimé par le
côté, ou pourvu d'ailes membraneuses. . . 23

21. Fruit orbiculaire, rude, entouré d'un bord épais.
Tordylium. **138**.
Fruit entouré d'un bord mince, et n'étant pas
rude. 22

22. Plante hérissée ; pétales des fleurs extérieures
plus grands que les autres. *Heracleum*. **137**.
Plante glabre ; pétales à peu près égaux. *Peuce-*
danum **135**.

23. Fruit muni de huit ailes plus larges que lui-
même. *Laserpitium*. **165**.
Fruit n'ayant pas huit ailes membraneuses. . 24

24. Fruit muni de quatre ailes marginales, membraneuses. *Angelica*. **133**.
Non. 25

25. Fleurs dioïques ou monoïques. *Trinia*. **153**.
Fleurs hermaphrodites ou polygames. . . . 26

26. Fruit à dix côtes saillantes et ondulées. *Conium*.
157.
Non. 27

27. Folioles des feuilles linéaires-lancéolées, finement dentées en scie, souvent courbées en
faux. *Falcaria*. **151**.
Non. 28

28. Folioles des feuilles capillaires , verticillées
autour de leur axe. *Carum.* **147**.
Non.　.　.　.　.　.　.　.　.　.　.　.　.　.　.　29

29. Plante aquatique.　.　.　.　.　.　.　.　.　.　30
Plante terrestre ou des lieux humides, mais ne
vivant pas dans l'eau.　.　.　.　.　.　.　.　33

30. Fruit surmonté par les sépales accrescents et
par les styles dressés. *OEnanthe*. **164**.
Non.　.　.　.　.　.　.　.　.　.　.　.　.　.　31

31. Ombelles terminales. *Sium*. **143**.
Ombelles opposées aux feuilles.　.　.　.　.　.　32

32. Involucre nul ou à une-deux folioles. *Helosciadium*. **152**.
Involucre à plus de deux folioles. *Berula*. **144**.

33. Involucre à folioles nombreuses, trifides ou
pennatifides. *Ammi*. **149**.
Non.　.　.　.　.　.　.　.　.　.　.　.　.　.　34

34. Fruit non comprimé, à coupe transversale orbiculaire, ou à peu près.　.　.　.　.　.　.　35
Fruit comprimé par le côté, ou à coupe transversale oblongue.　.　.　.　.　.　.　.　.　39

35. Fruit ovoïde-subglobuleux, à dix côtes saillantes;
involucelle tourné d'un seul côté. *Æthusa*.
163.
Involucelle n'étant pas tourné d'un seul côté.　.　36

36. Calice de cinq sépales accrescents; fruit surmonté par les styles dressés. *OEnanthe*. **164**.
Calice presque nul ou composé de cinq sépales
non accrescents ; styles non dressés.　.　.　.　37

37. Fruit velu ou pubescent, au moins avant la
    maturité. 38
    Fruit glabre. *Silaus*. **159**.

38. Involucre à plusieurs folioles ; ombelles denses.
    Libanotis. **161**.
    Involucre nul ou presque nul ; ombelles de six-
    douze rayons. *Seseli*. **160**.

39. Involucre et involucelles nuls. 40
    Au moins un involucelle. 42

40. Feuilles palmatiséquées, à segments triséqués.
    Ægopodium. **148**.
    Feuilles pennatiséquées. 41

41. Pétales orbiculaires, entiers ; ombelles toujours
    dressées. *Apium*. **155**.
    Pétales ovales, émarginés ; ombelles penchées
    avant l'anthèse. *Pimpinella*. **145**.

42. Fruit didyme, à méricarpes épais, subréniformes,
    à trois côtes saillantes ; involucre nul ; invo-
    lucelle à folioles très-petites. 6
    Non. 43

43. Racine tubéreuse. *Conopodium*. **146**.
    Racine pivotante. 44

44. Styles dressés ; feuilles inférieures à plus de dix
    folioles ; pétales presque entiers ; plante
    glauque. *Petroselinum*. **154**.
    Styles étalés ; feuilles inférieures à moins de dix
    folioles ; pétales profondément échancrés ;
    plante verte. *Sison*. **150**.

XXV. RHAMNÉES.

Rhamnus. **172**.

XXVI. CÉLASTRINÉES.

Evonymus. **173**.

XXVII. BUXACÉES.

Buxus. **174**.

XXVIII. ILICINÉES.

Ilex. **175**.

XXIX. AMPÉLIDÉES.

Vitis. **176**.

XXX. ACÉRINÉES.

Acer. **177**.

XXXI. POLYGALÉES.

Polygala. **178**.

XXXII. GÉRANIACÉES.

Dix étamines pourvues d'anthères ; une ou deux
fleurs sur le pédoncule. *Geranium.* **179**.
Cinq étamines fertiles et cinq dépourvues d'anthères ; ordinairement plus de deux fleurs sur
le pédoncule. *Erodium.* **180**.

XXXIII. OXALIDÉES.

Oxalis. **181**.

XXXIV. LINÉES.

Linum. **182**.

XXXV. CARYOPHILLÉES.

1. Calice à sépales soudés en tube à la base, au
   moins dans leur moitié inférieure. . . . 2
   Calice à sépales libres ou à peu près. . . . 8

2. Fruit en baie. *Cucubalus.* **186**.
   Non. 3

3. Un calice et un calicule. *Dianthus.* **184**.
   Point de calicule. 4

4. Deux styles. 5
   Plus de deux styles. 6

5. Pétales en coin à la base, sans onglet. *Gypsophila.* **183**.
   Pétales à onglet longuement linéaire. *Saponaria.* **185**.

6. Trois styles. *Silene.* **187**.
   Cinq styles. 7

7. Segments du calice linéaires et plus longs que la
   corolle. *Agrostemma.* **189**.
   Segments du calice plus courts que la corolle.
   Lychnis. **188**.

8. Feuilles munies de stipules scarieuses. . . . **9**
   Feuilles dépourvues de stipules. **11**

9. Feuilles élargies, quelques-unes spatulées, les moyennes verticillées par quatre. *Polycarpon.* **200** bis.
Feuilles linéaires 10

10. Cinq styles. *Spergula.* **192**.
Moins de cinq styles. *Spergularia.* **193**.

11. Deux styles. *Buffonia.* **190**.
Plus de deux styles 12

12. Capsule à huit-dix dents 13
Capsule à six dents au plus 14

13. Pétales entiers ou incisés. *Cerastium.* **199**.
Pétales fendus jusqu'à la base. *Malachium.* **200**.

14. Dents de la capsule en nombre double de celui des styles 15
Dents ou valves de la capsule égalant le nombre des styles 17

15. Pétales bifides ou nuls. *Stellaria.* **198**.
Pétales érodés-dentés; plante pubescente glanduleuse dans le haut. *Holosteum.* **197**.
Pétales entiers 16

16. Feuilles ovales-aiguës, à trois nervures. *Mœhringia.* **196**.
Feuilles n'ayant pas trois nervures. *Arenaria.* **195**.

17. Quatre ou cinq styles. *Sagina.* **191**.
Trois styles. *Alsine.* **194**.

XXXVI. PARONYCHIÉES.

1. Feuilles alternes. *Corrigiola.* **201**.
Feuilles opposées. 2

2. Feuilles munies de stipules scarieuses. . . . 3
Feuilles dépourvues de stipules. *Scleranthus.*
205.

3. Sépales blancs, spongieux ; capsule s'ouvrant
par la base en cinq valves. *Illecebrum.* **203**.
Sépales herbacés ; capsule indéhiscente. *Herniaria.* **202**.

XXXVII. PORTULACÉES.

Pétales jaunes ; capsule s'ouvrant en travers ;
graines nombreuses. *Portulaca.* **206**.
Pétales blancs; capsule s'ouvrant en trois valves;
trois graines. *Montia.* **207**.

XXXVIII. ÉLATINÉES.

Elatine. **208**.

XXXIX. EUPHORBIACÉES.

Plante à suc aqueux ; ovaire à deux coques,
feuilles opposées. *Mercurialis.* **209**.
Plante à suc laiteux ; ovaire à trois coques. *Euphorbia.* **210**.

XL. MALVACÉES.

Calicule à trois folioles libres, naissant de la
base du calice. *Malva.* **211**.
Calicule à six-neuf divisions, naissant du pédoncule. *Althæa.* **212**.

4

XLI. TILIACÉES.

Tilia. **213.**

XLII. HYPÉRICINÉES.

1. Fruit en baie. *Androsæmum.* **216.**
Fruit capsulaire 2

2. Fleur tubuleuse ; glandes hypogynes pétaloïdes ;
plante des lieux fangeux. *Elodes.* **215.**
Fleurs en roue ; glandes hypogynes nulles.
Hypericum. **214.**

XLIII. CISTINÉES.

Feuilles dépourvues de stipules ; tige ligneuse.
Fumana. **218.**
Feuilles, au moins les supérieures, pourvues de
stipules ou tige herbacée. *Helianthemum.*
217.

XLIV. DROSÉRACÉES.

Feuilles poilues-glanduleuses, toutes radicales :
fleurs en grappe simple. *Drosera.* **219.**
Feuilles glabres, lisses ; une feuille caulinaire ;
fleur solitaire. *Parnassia.* **220.**

XLV. VIOLACÉES.

Viola. **221.**

XLVI. SALICINÉES.

Une-cinq étamines ; écailles des chatons entières. *Salix.* **222.**
Huit-douze étamines ; écailles laciniées ou dentées. *Populus.* **223.**

XLVII. GENTIANÉES.

1   Feuilles trifoliolées. *Menyanthes.* **224**.
    Feuilles simples.   2

2   Feuilles nageantes, orbiculaires-cordiformes.
        Limnanthemum. **225**.
    Non.   3

3. Fleurs bleues, grandes, en cloche. *Gentiana.*
        227.
    Fleurs n'étant pas bleues.   4

4. Huit étamines ; plante glauque. *Chlora.* **226**.
    Moins de huit étamines.   5

5. Cinq étamines. *Erythræa.* **230**
    Quatre étamines.   6

6. Tige simple ou à rameaux dressés. *Microcala.*
        229.
    Tige à rameaux nombreux, divariqués. *Cicen-
        dia.* **228**.

XLVIII. OROBANCHÉES.

1. Fleurs munies de trois bractées. *Phelipæa.* **232**.
    Fleurs à une seule bractée.   2

2. Calice à deux divisions profondes, bifides. *Oro-
        banche.* **231**.
    Calice campanulé à quatre divisions.   .   .   3

3. Calice velu, à peine dépassé par la corolle.
        Lathræa. **233**.
    Calice glabre, bien plus court que la corolle.
        Clandestina. **234**.

XLIX. SCROPHULARIACÉES.

1. Tube de la corolle bossu à la base. *Antirrhi-num.* **245**.
   Tube de la corolle éperonné à la base. *Linaria.* **246**.
   Tube de la corolle ni bossu, ni éperonné. . .   2

2. Plante des lieux vaseux ; pédoncules radicaux dépassés par les feuilles oblongues, entières, longuement pétiolées. *Limosella.* **248**.
   Non.   3

3. Deux étamines pourvues d'anthères, quelquefois accompagnées de deux stériles.   4
   Plus de deux étamines pourvues d'anthères. .   5

4. Corolle en roue, à tube très-court. *Veronica.* **247**.
   Corolle à tube très allongé et comme à deux lèvres. *Gratiola.* **243**.

5. Corolle en cloche, à quatre-cinq divisions courtes. *Digitalis.* **244**.
   Corolle à deux lèvres distinctes.   6

6. Une-deux graines dans chaque loge de la capsule. *Melampyrum.* **235**.
   Plusieurs graines dans chaque loge.   7

7. Anthères mutiques   8
   Anthères aristées.   10

8. Calice renflé-ventru.   9
   Calice non renflé ; corolle petite, presque globuleuse. *Scrophularia.* **242**.

9 Feuilles pennatifides. *Pedicularis*. **236**.
Feuilles seulement dentées. *Rhinanthus*. **237**.

10. Lèvre inférieure de la corolle à lobes émarginés
ou bilobés. *Euphrasia*. **240**.
Lèvre inférieure de la corolle à lobes entiers. . 11

11. Capsule ovale ou oblongue, comprimée. . . 12
Capsule presque vésiculeuse *Trixago*. **230**.

12. Plante velue, visqueuse. *Eufragia*. **238**.
Plante peu ou point visqueuse. *Odontites*. **241**.

L. SOLANÉES.

1. Fruit en baie, ... 2
Fruit capsulaire. 4

2. Calice très renflé-vésiculeux, rouge à la matu-
rité et renfermant le fruit de même couleur.
Physalis. **250**.
Non. 3

3. Corolle en cloche. *Atropa*. **251**.
Corolle en roue ; étamines saillantes. *Solanum*.
249.

4. Capsule épineuse ; corolle en tube plissé longi-
tudinalement. *Datura*. **252**.
Capsule lisse. 5

5. Corolle en entonnoir, veinée de brun. *Hyosciamus*. **253**.
Corolle en roue ; étamines ordinairement
velues. *Verbascum*. **254**.

ANALYSE DES GENRES

LI. APOCYNÉES.

Vinca. **255.**

LII. ASCLÉPIADÉES.

Vincetoxicum. **256**

LIII. BORRAGINÉES.

1. Corolle à gorge munie d'écailles fermant ordinairement le tube. . . , ... 2
   Corolle à gorge glabre ou velue, mais dépourvue
   d'écailles. 10

2. Corolle en roue, à lobes aigus; étamines appen-
   diculées, à anthères dressées-conniventes.
   Borrago. **257.**
   Corolle à lobes obtus. 3

3. Calice fructifère dilaté, comprimé et paraissant
   être à deux valves planes, appliquées l'une
   contre l'autre. *Asperugo.* **260**
   Non. 4

4. Carpelles munis d'aiguillons crochus. . . . 5
   Non. 6

5. Corolle en coupe; carpelles à trois angles; style
   très court. *Echinospermum.* **259.**
   Corolle en entonnoir; carpelles déprimés; style
   allongé, persistant. *Cynoglossum.* **258.**

6. Tube de la corolle allongé, courbé *Lycopsis.*
   266.
   Tube de la corolle droit. 7

7. Ecailles de la corolle lancéolées-subulées, réunies en cône. *Symphytum.* **265**.
Ecailles courtes, obtuses ou émarginées. . . 8

8. Base des carpelles plane ; tube de la corolle court. *Myosotis.* **262**.
Base des carpelles concave ; tube de la corolle allongé ; plantes à poils raides. 9

9. Feuilles inférieures à limbe non décurrent sur le pétiole. *Caryolopha.* **267**.
Feuilles inférieures atténuées en pétiole. *Anchusa.* **268**.

10. Corolle irrégulière ; étamines inégales. *Echium.* **269**.
Corolle régulière. 11

11. Corolle à cinq lobes séparés par une dent saillante. *Heliotropium.* **261**.
Corolle dépourvue de petites dents entre les lobes. 12

12. Calice en tube, à cinq dents. *Pulmonaria.* **264**.
Calice à divisions prolongées jusqu'à la base. *Lithospermum.* **263**.

LIV. CONVOLVULACÉES.

1. Plante munie de feuilles. 2
Tige filiforme, sans feuilles. *Cuscuta.* **272**.

2. Deux larges bractées cordiformes sous la corolle. *Calystegia.* **270**.
Bractées petites, éloignées de la fleur. *Convolvulus.* **271**.

LV. OLÉACÉES.

1. Arbrisseau à fruit bacciforme ; deux enveloppes florales. 2
   Arbre à fruit sec ; enveloppes florales nulles. *Fraxinus.* **274.**

2. Feurs blanches ; feuilles elliptiques-lancéolées. *Ligustrum.* **275.**
   Fleurs jaunes ; feuilles simples ou trifoliolées. *Jasminum.* **273.**

LVI. GLOBULARIÉES.

Globularia. **276.**

LVII. VERBÉNACÉES

Verbena. **277.**

LVIII. LABIÉES.

1. Corolle en entonnoir, à quatre-cinq lobes presque égaux. 2
   Corolle à deux lèvres bien distinctes. . . . 3
   Corolle presque à une seule lèvre, la supérieure étant très courte. 22

2. Quatre étamines munies d'anthères. *Mentha.* **278.**
   Deux étamines munies d'anthères. *Lycopus.* **279.**

3. Deux étamines munies d'anthères. *Salvia.* **280.**
   Quatre étamines munies d'anthères. . . . 4

4. Calice enflé-membraneux ou à deux lèvres. .   5
    Calice ni enflé ni à deux lèvres distinctes. . .   11

5. Lèvres du calice entières, la supérieure présen-
    tant, à la base de sa face dorsale, une bosse
    saillante, comprimée. *Scutellaria*. **298.**
    Lèvres du calice dentées.   6

6. Lèvre supérieure du calice plane, à trois dents ;
    filets des étamines à deux pointes au sommet,
    dont l'une porte l'anthère. *Brunella*. **299.**
    Non.   7

7. Calice campanulé, irrégulièrement veiné, forte-
    ment renflé ; fleur grande, tachée de pourpre.
    Melittis. **288.**
    Calice non enflé.   8

8. Fleurs en glomérules fournis, serrés, accompa-
    gnés de bractées sétacées, poilues. *Clinopo-
    dium*. **284.**
    Point de bractées sétacées.   9

9. Plante très gazonnante ; fleurs en tête. *Thymus*.
    282.
    Tiges dressées.   10

10. Calice tubuleux-campanulé ; feuilles à odeur de
    citron par le froissement ; fleurs blanches ou
    jaunâtres. *Melissa*. **285.**
    Calice tubuleux, quelquefois gibbeux à la base ;
    fleurs n'étant pas blanches. *Calamintha*.
    283.

11. Calice sillonné de stries nombreuses et rapprochées. 12

Calice non strié ou seulement relevé de côtes écartées 15

12. Toutes les fleurs placées à l'aisselle des feuilles. 13
Fleurs formant des grappes ou épis non feuillés. *Nepeta*. **286**.

13. Fleurs nombreuses, en verticilles fournis ; tiges dressées. 14

Une-trois fleurs à l'aisselle des feuilles ; tige rampante. *Glechoma*. **287**.

14. Calice à 5 dents ; feuilles d'un vert obscur ; fleurs rouges. *Ballota*. **295**.

Calice à dix dents ; feuilles blanchâtres ; fleurs serrées, blanches. *Marrubium*. **294**.

15. Feuilles découpées en lobes profonds ; ovaires surmontés d'une touffe de poils. *Leonurus*. **296**.

Feuilles non découpées en lobes profonds ; ovaires sans touffe de poils au sommet . . 16

16. Tube de la corolle cylindrique, arqué, à peine évasé au sommet ; fleurs purpurines. *Betonica*. **293**.

Tube de la corolle plus ou moins dilaté et écrasé au sommet, ou plus court que le calice. . . 17

17. Corolle dépassant à peine le calice ; verticilles tous axillaires. *Chaiturus*. **297**.

Corolle beaucoup plus longue que le calice ou fleurs en épis. 18

18. Fleurs grandes, d'un beau jaune. *Galeobdolon.*
    290.
    Non. 19

19. Lèvre inférieure de la corolle à trois lobes dis-
    tincts dont l'intermédiaire est quelquefois
    échancré à son extrémité. 20
    Lèvre inférieure de la corolle n'offrant distincte
    ment qu'un seul lobe échancré à son extré-
    mité. *Lamium.* **289**.

20. Lèvre inférieure de la corolle offrant, de chaque
    côté, à la base du lobe médian, une saillie
    dentiforme ; dents du calice souvent spinu-
    leuses. *Galeopsis.* **291**.
    Non. 21

21. Etamines d'abord rapprochées, puis déjetées sur
    les côtés de la corolle après la floraison ;
    fleurs non accompagnées de bractées colorées.
    Stachys. **292**.
    Etamines droites, écartées, divergentes, mais
    non déjetées sur les côtés de la corolle après
    la floraison ; fleurs en épis imbriqués de brac-
    tées et serrés en panicule. *Origanum.* **281**.

22. Tube de la corolle muni en dedans d'un anneau
    de poils. *Ajuga.* **300**.
    Tube de la corolle dépourvu d'anneau de poils
    en dedans. *Teucrium.* **301**.

LIX. ÉRICACÉES.

Corolle campanulée, plus courte que le calice rose, pétaloïde. *Calluna*. **302**.

Corolle rose rarement blanche, en grelot, plus longue que le calice. *Erica*. **303**.

LX. MONOTROPÉES.

Monotropa. **304**.

LXI. CAMPANULACÉES.

1. Corolle irrégulière, bilabiée. *Lobelia*. **310**.
   Corolle n'étant pas à deux lèvres. 2

2. Capsule linéaire-oblongue, prismatique. *Specularia*. **308**.
   Non. 3

3. Corolle à cinq divisions linéaires, d'abord cohérentes au sommet, puis étalées. 4
   Corolle en cloche ou en roue. 5

4. Anthères soudées à la base ; stigmates dressés. *Jasione*. **305**.
   Anthères libres ; stigmates roulés en dehors. *Phyteuma*. **306**.

5. Capsule s'ouvrant latéralement par des trous. *Campanula*. **307**.
   Capsule s'ouvrant au sommet par trois valves ; tige filiforme. *Wahlenbergia*. **309**.

LXII. VALÉRIANÉES.

1. Une étamine; fleur éperonnée. *Centranthus*. **312**.

   Plus d'une étamine; plantes quelquefois dioïques.   2

2. Fruit couronné par une aigrette plumeuse; racine vivace. *Valeriana*. **311**.

   Fruit non couronné par une aigrette; plantes
   annuelles. *Valerianella*. **313**.

LXIII. DIPSACÉES.

Paillettes du réceptacle épineuses et saillantes.
Dipsacus. **314**.

Paillettes du réceptacle ni épineuses ni saillantes.
Scabiosa. **316**.

Des soies au lieu de paillettes sur le réceptacle.
Knaulia. **315**.

LXIV. COMPOSÉES.

1. Fleurs paraissant avant les feuilles.   2

   Fleurs paraissant après les feuilles.   3

2. Calathides jaunes, solitaires et terminales. *Tussilago*. **318**.

   Calathides blanches ou rosées, nombreuses, en
   thyrse. *Petasites*. **319**.

3. Feuilles opposées.   4

   Feuilles alternes ou radicales.   5

4. Fleurs roses. *Eupatorium*. **317**.

   Fleurs jaunes. *Bidens*. **327**.

5. Fleurs toutes en languette plane (demi-fleurons). 6
   Fleurs du centre tubuleuses (fleurons), celles
   de la circonférence rayonnantes, en languette plane. 26
   Fleurs toutes tubuleuses, sans rayons plans ou
   à rayons souvent peu apparents . . . 38

6. Akènes, au moins ceux du disque, couronnés
   par une aigrette de poils soyeux. 7
   Aigrette nulle ou réduite à une membrane coroniforme plus courte que l'akène. 23

7. Aigrette à poils plumeux. 8
   Poils de l'aigrette non plumeux. 15

8. Réceptacle garni d'écailles caduques. *Hypochæris*. **364**.
   Réceptacle dépourvu d'écailles. 9

9. Péricline entouré de 3-5 folioles ovales-acuminées, en cœur à la base, très rudes. *Helminthia*. **560**.
   Non. 10

10. Akènes prolongés à la base en un renflement
    creux, presque égal à leur longueur. *Podos-
    permum*. **363**.
    Non. 11

11. Akènes de la circonférence dépourvus d'ai-
    grette. *Thrincia*. **357**.
    Tous les akènes pourvus d'aigrette. 12

12. Péricline simple, à 8-10 folioles égales, non
    imbriquées. *Tragopogon*. **361**.
    Folioles du péricline imbriquées sur plusieurs
    rangs.   13

13. Folioles extérieures du péricline très laches.
    Picris. **359**.
    Folioles du péricline appliquées.   14

14. Aigrette sessile. *Scorzonera*. **362**.
    Akènes insensiblement atténués en bec. *Leon-
    todon*. **358**.

15. Des stolons feuillés courant sur la terre. *Hiera-
    cium*. **370**.
    Point de stolons.   16

16. Calathide solitaire au sommet d'un pédoncule
    central, nu, lisse, fistuleux. *Taraxacum*.
    365.
    Non.   17

17. Bec de l'akène naissant au centre de cinq dents
    spiniformes ; calathides sessiles, disposées le
    long des rameaux et à leur sommet. *Chon-
    drilla*. **366**.
    Non.   18

18. Akènes de deux formes, ceux du centre presque
    linéaires, ceux de la circonférence gros,
    courts, à trois-cinq côtes ailées-membraneuses
    sur une face. *Pterotheca*. **368** *bis*.
    Non.   19

19. Akènes comprimés, plans-convexes. . . . 20
    Akènes non comprimés. 21

20. Aigrette sessile. *Sonchus.* **368**.
    Akènes brusquement contractés en un bec capillaire. *Lactuca.* **367**.

21. Réceptacle hérissé de poils nombreux dépassant les akènes ; plante toute couverte d'un duvet mou, floconneux, d'un blanc jaunâtre. *Andriala.* **371**.
    Non. 22

22. Akènes amincis au sommet ou atténués en bec; aigrette blanche. *Crepis.* **369**.
    Akènes subcylindriques et dépourvus de bec au sommet ; aigrette rousse. *Hieracium.* **370**.

23. Fleurs bleues ou blanches. 24
    Fleurs jaunes. 25

24. Péricline à folioles écailleuses-nacrées ; fleurs solitaires sur de longs pédoncules. *Catananche.* **356**.
    Involucre herbacé ; fleurs axillaires ou terminales, sessiles. *Cichorium.* **355**.

25. Tige feuillée ; pédoncules non renflés. *Lampsana.* **353**.
    Feuilles toutes radicales, pédoncules renflés au sommet. *Arnoseris.* **354**.

26. Réceptacle muni d'écailles ou de paillettes. . 27
    Réceptacle nu. 28

27. Fleurs du centre jaunes, celles des rayons blanches. *Anthemis*. **334**.
Fleurs d'une même couleur, blanches ou rosées. *Achillæa*. **333**.

28. Akènes nus ou couronnés par une membrane. 29
Akènes, au moins ceux du centre, couronnés par une aigrette soyeuse. 33

29. Réceptacle s'allongeant en cône à la maturité. 30
Réceptacle plan-convexe 31

30. Feuilles spatulées, en rosette; hampe uniflore, aphylle. *Bellis*. **321**.
Feuilles découpées en lanières fines; fleurs en panicule. *Matricaria*. **335**.

31. Akènes courbés en arc et terminés en bec, ou roulés en cercle et tronqués, portant des pointes sur le dos. *Calendula*. **340**.
Non. 32

32. Fleurs entièrement jaunes. *Chrysanthemum*. **337**.
Fleurs de la circonférence blanches. *Leucanthemum*. **336**.

33. Akènes de la circonférence dépourvus d'aigrette. *Doronicum*. **338**.
Tous les akènes pourvus d'aigrette 34

34. Folioles du péricline disposées sur deux rangs
égaux. 35
Folioles du péricline disposées sur deux rangs
inégaux, les extérieures beaucoup plus courtes
et simulant un calicule. *Senecio.* **339.**

35. Demi-fleurons filiformes, blanchâtres ou violacés ; fleurons du centre jaunes. *Erigeron.* **322.**
Fleurs d'une seule couleur. 36

36. Cinq-six demi-fleurons à chaque calathide. *Solidago.* **323.**
Dix demi-fleurons au moins 37

37. Aigrette formée de poils disposés sur un seul
rang. *Inula.* **325.**
Aigrette formée de poils disposés sur deux
rangs, l'extérieur très court, coroniforme. ɪ
Pulicaria. **326.**

38. Akènes couronnés par une aigrette de poils. . 39
Akènes dépourvus d'aigrette ou couronnés par
une membrane, ou par des paillettes, ou par
des dents en forme d'arêtes. 62

39. Poils de l'aigrette rameux ou plumeux . . . 40
Poils de l'aigrette simples 43

40. Ecailles intérieures du péricline grandes, scarieuses, étalées en forme de rayons. *Carlina*
346.
Ecailles intérieures du péricline non étalées en
forme de rayons 41

41. Fleurs jamais jaunes. 42
Fleurs jaunes. 55

42. Réceptacle à alvéoles bordés d'une membrane
dentée ; akènes striés transversalement ; poils
de l'aigrette très brièvement plumeux. *Onopordon*. **344**.
Réceptacle muni de paillettes sétacées ; akènes
lisses ; poils de l'aigrette longuement plumeux. *Cirsium*. **341**.

43. Ecailles du péricline aiguës, recourbées en cro-
chet au sommet et accrochantes. *Lappa*. **345**.
Non. 44

44. Calathides ou feuilles épineuses 45
Plante non épineuse. 49

45. Fleurs jaunes. *Kentrophyllum*. **349**.
Fleurs n'étant pas jaunes 46

46. Feuilles grandes, blanches-aranéeuses . . . 42
Feuilles vertes 47

47. Ecailles du péricline munies d'un appendice fo-
liacé ou scarieux, quelquefois pectiné. . . 48
Ecailles du péricline non appendiculées-foliacées.
Carduus. **342**.

48. Appendice des écailles intérieures scarieux au
sommet ; akènes tétragones. *Carduncellus*.
348.
Appendice fortement épineux ; akènes obovés
Silybum. **343**.

49. Réceptacle garni de paillettes. 50
     Paillettes nulles sur le réceptacle. 53

50. Akènes à ombilic latéral. *Centaurea*. **350**.
     Ombilic placé à la base de l'akène 51

51. Plante le plus souvent sans tige apparente, d'un
     vert pâle; fleurs ordinairement bleues. . . 48
     Plante munie d'une tige apparente; fleurs pur-
     purines, rarement blanches. 52

52. Akènes glabres, tous pourvus d'aigrette. *Serra-*
     tula. **347**.
     Akènes pubescents, ceux de la circonférence
     dépourvus d'aigrette. *Crupina*. **351**.

53. Fleurs jaunes. 54
     Fleurs rouges ou blanchâtres 58

54. Ecailles du péricline herbacées 55
     Ecailles du péricline membraneuses et colorées. 59

55. Feuilles étroitement linéaires et entières. *Lino-*
     syris. **320**.
     Feuilles plus ou moins élargies 56

56. Péricline muni à la base de quelques écailles
     courtes, en forme de calicule, les autres
     souvent maculées de noir au sommet. *Sene-*
     cio. **339**.
     Péricline dépourvu à la base d'écailles en forme
     de calicule. 57

57. Plante visqueuse au moins au sommet ; écailles extérieures du péricline réfléchies à leur extrémité supérieure. *Inula*. **325**.

Plante non visqueuse ; écailles jamais réfléchies. *Pulicaria*. **326**.

58. Feuilles élargies, le plus souvent à trois-cinq lobes lancéolés, acuminés, dentés. *Eupatorium*. **317**.

Feuilles étroites, simples, entières 59

59. Ecailles intérieures du péricline plus longues que les extérieures et imitant des rayons colorés, roses. *Xeranthemum*. **352**.

Non. 60

60. Fleurs d'un beau jaune doré. *Helichrysum*. **330**.

Non. 61

61. Capitules anguleux, coniques et pointus ; fleurons extérieurs entremêlés aux écailles intérieures du péricline. *Filago*. **328**.

Capitules hémisphériques ou cylindriques, obtus ; point de demi-fleurons mêlés aux écailles du péricline. *Gnaphalium*. **329**.

62. Ecailles du péricline munies au sommet d'un appendice pectiné ou scarieux-lacéré, quelquefois épineux 50

Ecailles du péricline non appendiculées. . . 63

63. Capitules petits, sessiles à l'aisselle des feuilles et enveloppés dans un duvet épais, blanc. *Micropus*. **324**.

Capitules terminaux, non enveloppés dans un duvet blanc, abondant. 64

64. Fleurs plus ou moins pédicellées sur le récep-
    tacle, bleues, rarement blanches (*campanu-*
    lacées). *Jasione.* **305**.

    Fleurs tout à fait sessiles sur le réceptacle, ja-
    mais bleues 65

65. Ecailles intérieures du péricline étant les plus
    longues et saillantes en forme de rayons co-
    lorés. *Xeranthemum.* **352**.

    Non. 66

66. Fleurs d'un beau jaune, en corymbe plan. *Ta-*
    nacetum. **332**.

    Fleurs verdâtres, en grappes ou en épis pani-
    culés. *Artemisia.* **331**.

LXV. AMBROSIACÉES.

Xanthium. **372**.

LXVI. PRIMULACÉES.

1. Plante aquatique; feuilles pennatifides à divisions filiformes. *Hottonia.* **378**.

   Non. 2

2. Capsule s'ouvrant circulairement. 3

   Capsule s'ouvrant par des valves. 4

3. Corolle plus courte que le calice. *Centunculus.*
   375.

   Corolle à tube court ou presque nul, dépassant
   le calice. *Anagallis.* **374**.

4. Ovaire en partie visible sous la fleur ; corolle
   blanche. *Samolus*. **380**.
   Ovaire contenu dans la fleur   5

5. Corolle à cinq divisions déjetées sur le pédoncule. *Cyclamen*. **379**.
   Corolle à divisions étalées ou dressées . . .   6

6. Feuilles opposées ou ternées, rarement quater-
   nées. *Lysimachia*. **373**.
   Feuilles toutes radicales ; un involucre foliacé
   situé quelquefois sous les fleurs   7

7. Corolle plus courte que le calice accrescent.
   Androsace. **376**.
   Corolle bien plus longue que le calice non ac-
   crescent. *Primula*. **377**.

LXVII. LENTIBULARIÉES.

Utricularia. **381**.

LXVIII. PLANTAGINÉES.

Fleurs hermaphrodites , en têtes ou en épis
serrés. *Plantago*. **382**.
Fleurs monoïques, les femelles sessiles, les
mâles solitaires à l'extrémité d'un pédoncule
presque aussi long que les feuilles. *Littorella*.
383.

LXIX. CHÉNOPODÉES.

1. Fleurs accompagnées de bractées.   2
   Fleurs dépourvues de bractées.   4

2. Feuilles linéaires, subulées, sessiles. *Polycnemum*. **386**.
   Feuilles à limbe élargi, pétiolées 3

3. Fruit indéhiscent; bractées plus courtes que le périanthe. *Euxolus*. **384**.
   Fruit se déchirant circulairement vers le milieu; bractées égalant ou dépassant le périanthe. *Amaranthus*. **385**.

4. Périanthe devenant charnu, coloré. *Blitum*. **389**.
   Non 8

5. Fleurs polygames ou monoïques; divisions de la fleur triangulaires et accrescentes. *Atriplex*. **387**.
   Fleurs hermaphrodites; divisions de la fleur non accrescentes. *Chenopodium*. **388**.

LXX. POLYGONÉES.

Fleurs à six divisions herbacées, les trois intérieures accrescentes et munies souvent d'une granulation sur le dos. *Rumex*. **390**.
Fleurs à trois-cinq divisions ordinairement colorées et presque égales, sans granulations. *Polygonum*. **391**.

LXXI. LORANTHACÉES.

Fruit bacciforme; plante parasite sur les arbres. *Viscum*. **392**.
Fruit sec; plante couchée sur la terre. *Thesium*. **393**.

LXXII. BÉTULACÉES.

Ecailles fructifères membraneuses, caduques;
feuilles acuminées. *Betula*. **394.**
Ecailles fructifères ligneuses, persistantes;
feuilles obtuses ou tronquées au sommet.
Alnus. **395.**

LXXIII. CORYLÉES.

Anthères terminées par un poil; fruit membraneux, enveloppé dans un involucre trilobé.
Carpinus. **397.**
Anthères dépourvues de poil; fruit osseux, dans
un involucre irrégulièrement déchiqueté au
sommet. *Corylus*. **396.**

LXXIV. QUERCINÉES.

1. Fruit inséré, par la base seulement, dans une
cupule. *Quercus*. **398.**
Fruit inclus dans un involucre en forme de
capsule 2

2. Chatons mâles globuleux; feuilles ovales, entières. *Fagus*. **399.**
Chatons mâles allongés, linéaires; feuilles
oblongues, dentées. *Castanea*. **400.**

LXXV. ARTOCARPÉES.

Arbre. *Ficus*. **401.**
Herbe à tiges volubiles. *Humulus*. **401** *bis.*

LXXVI. ULMACÉES.

Ulmus. **402**.

LXXVII. CONIFÈRES.

Juniperus. **403**.

MONOCOTYLÉDONES.

—

LXXVIII. ALISMACÉES.

1. Fleurs monoïques; feuilles en fer de flèche. *Sa-gittaria*. **406**.
   Fleurs hermaphrodites; feuilles non en fer de flèche 2

2. Fruit composé de six–huit carpelles étalés en étoile. *Damasonium*. **405**.
   Fruits non rayonnants en étoile. *Alisma*. **404**.

LXXIX. BUTOMÉES.

Butomus. **407**.

LXXX. NAIADÉES.

1. Fleurs hermaphrodites, en épis. *Potamogeton*. **408**.
   Fleurs unisexuelles, axillaires 2

2. Feuilles linéaires, ondulées, dentées, à dents
    mucronées. 3
    Feuilles filiformes, ni ondulées ni dentées. *Zani-
    chellia.* **410.**

3. Plante dioïque; gaine des feuilles entière. *Naïas.*
    409.
    Plante monoïque; gaine des feuilles denticulée.
    Caulinia. **469** *bis.*

LXXXI. JUNCAGINÉES.

Triglochin. **411.**

LXXXII. HYDROCHARIDÉES.

Hydrocharis. **412.**

LXXXIII. IRIDÉES.

Stigmates pétaloïdes; fleurs jaunes ou bleues.
  Iris. **413.**
Stigmate non pétaloïde; fleurs roses. *Gladiolus.*
  414.

LXXXIV. COLCHICACÉES.

Colchicum. **415.**

LXXXV. AMARYLLIDÉES.

Périanthe muni à la gorge d'une couronne.
  Narcissus. **416.**
Périanthe à gorge nue. *Galanthus.* **416** *bis.*

LXXXVI. ORCHIDÉES.

1. Racines entièrement fibreuses, non renflées. .   2
 Racines tuberculeuses avec quelques fibres grêles, ou à fibres renflées en forme de tubercules   6

2. Plante munie de vraies feuilles vertes . . .   3
 Feuilles remplacées par des écailles   5

3. Deux larges feuilles ovales-arrondies, opposées sur la tige. *Listera*. **419**. .
 Point de feuilles opposées sur la tige. . . .   4

4. Ovaire contourné. *Cephalanthera*. **420**.
 Ovaire non contourné. *Epipactis*. **418**.

5. Ecailles et fleurs violacées. *Limodorum*. **422**.
 Ecailles et fleurs roussâtres. *Neottia*. **421**.

6. Fleurs blanches, petites, disposées en spirale autour de la tige. *Spiranthes*. **417**.
 Non.   7

7. Labelle à trois lobes linéaires, le moyen très long, enroulé en tire-bouchon pendant l'anthèse. *Hymanthoglossum*. **428**.
 Non.   8

8. Ovaire non contourné   9
 Ovaire contourné   10

9. Divisions externes du périgone conniventes en casque. *Serapias*. **431**.
 Divisions externes du périgone étalées. *Ophrys*. **430**.

10. Labelle non éperonné, trilobé, à lobes latéraux
     filiformes, le moyen plus long, bipartit. *Ace-
     ras.* **429.**
     Labelle muni d'un éperon ou d'un sac à la base.   · 11

11. Labelle denté, découpé ou lobé   12
     Labelle linéaire-oblong, entier; fleurs blan-
     châtres. *Platanthera.* **426.**

12. Eperon très court, renflé en forme de sac;
     fleurs verdâtres. *Habenaria.* **427.**
     Eperon allongé   13

13. Eperon grêle, subulé   14
     Eperon gros, obtus. *Orchis.* **423.**

14. Tubercules entiers. *Anacamptis.* **425.**
     Tubercules palmés. *Gymnadenia.* **424.**

LXXXVII. DIOSCORÉES.

Tamus. **432.**

LXXXVIII. LILIACÉES.

1. Racine bulbeuse.   2
    Racine fibreuse ou tuberculeuse-fasciculée . .   9

2. Stigmate sessile; fleur solitaire. *Tulipa.* **433.**
    Style allongé.   3

3. Divisions de la fleur pourvues, vers la base,
    d'une fossette nectarifère. *Fritillaria.* **434.**
    Non.   4

4. Fleurs en sertule ou en tête, renfermées, avant leur développement, dans une spathe à deux feuillets souvent très inégaux. *Allium.* **436.**

Non. 5

5. Divisions de la fleur libres, étalées en étoile. . 6

Divisions de la fleur en grelot, ou soudées en tube à la base. 8

6. Anthères fixées par le dos 7

Anthères fixées par la base; fleurs jaunes, verdâtres en dehors. *Gagea.* **438.**

7. Filets des étamines filiformes. *Scilla.* **435.**

Filets des étamines élargis, brusquement acuminés au sommet. *Ornithogalum.* **437.**

8. Divisions de la fleur soudées en tube à la base, un peu étalées au sommet. *Endymion* **439.**

Fleurs en grelot muni de dents au sommet. *Muscari.* **440.**

9. Fleurs petites, naissant sur le limbe d'un rameau aplati, épineux au sommet, simulant une feuille. *Ruscus.* **446.**

Non. 10

10. Feuilles filiformes, en touffes le long des rameaux. *Asparagus.* **445.**

Feuilles ni filiformes ni fasciculées. . . . 11

11. Fleurs globuleuses, à six dents, très blanches et à odeur suave. *Convallaria.* **444.**

Fleurs en tube ou étalées en étoile. . . . 12

12. Feuilles ovales, alternes sur la tige. *Polygonatum.* **443.**

Feuilles linéaires, toutes radicales. 13

13. Filets des étamines garnis de poils laineux. *Simethis.* **441.**

Non 14

14. Filets des étamines élargis à la base, courbés en voûte et couvrant l'ovaire. *Asphodelus.* **442.**

Filets des étamines subulés, non élargis à la base. *Phalangium.* **441** *bis.*

LXXXIX. JONCÉES.

Capsule à trois loges ; graines nombreuses ; plantes glabres. *Juncus.* **447.**

Capsule à une loge et à trois graines ; plantes ordinairement poilues. *Luzula.* **448.**

XC. TYPHACÉES.

Fruits en épis cylindriques, plus ou moins allongés. *Typha.* **449.**

Fruits en capitules globuleux. *Sparganium.* **450.**

XCI. LEMNACÉES.

Lemna. **451.**

XCII. AROÏDÉES.

Arum. **452.**

XCIII. CYPÉRACÉES.

1. Fleurs unisexuelles. *Carex*. **459**.
   Fleurs hermaphrodites. 2

2. Ecailles florales distiques. 3
   Ecailles florales imbriquées en tous sens. . . 4

3. Bractées longues, foliacées. *Cyperus*. **453**.
   Bractées largement scarieuses, au moins à la
   base. *Schœnus*. **454**.

4. Soies hypogynes nombreuses, laineuses, longuement exsertes après la floraison. *Eriopho-*
   rum. **458**.
   Non. 5

5. Toutes les écailles florales égales, ou les inférieures plus grandes. 6
   Ecailles florales inférieures plus petites. *Cla-*
   dium. **455**.

6. Style filiforme; tige portant un ou plusieurs
   épillets. *Scirpus*. **457**.
   Style articulé, renflé à la base; un seul épillet
   terminal. *Heleocharis*. **456**.

XCIV. GRAMINÉES.

1. Fleurs disposées en épis linéaires, digités ou
   réunis en forme de rayons d'ombelle ou en
   tête globuleuse, compacte, épineuse . . . 2
   Non. 5

2. Fleurs en petite tête compacte, globuleuse, épineuse. *Echinaria.* **467**.

Fleurs en épis linéaires.   3

3. Fleurs à pédicelles munis de longs poils blancs, soyeux. *Andropogon.* **472**.

Non.   4

4. Deux-trois épis linéaires digités ou racine fibreuse. *Digitaria.* **471**.

Racine dure, longuement rampante; plus de trois épis. *Cynodon.* **470**.

5. Fleurs en épi simple; épillets sessiles, rarement subsessiles, sur un axe commun, le plus souvent excavé à l'insertion du pédicelle.   .   .   6

Epillets évidemment pédicellés, en panicule plus ou moins rameuse, quelquefois serrée et spiciforme, jamais en épi simple.   20

6. Epillets sessiles, disposés en épi linéaire, unilatéral et munis à leur base d'un appendice herbacé, pectiné. *Cynosurus.* **486**.

Non.   7

7. Epillets à une seule fleur fertile.   8

Epillets à deux ou plusieurs fleurs fertiles.   .   .   11

8. Glumes nulles. *Nardus.* **510**.

Au moins une glume.   9

9. Plusieurs épillets sur chaque dent de l'axe. *Hordeum.* **501**.

Un seul épillet sur chaque dent de l'axe.   .   .   10

10. Epillets cachés dans les excavations de rachis
     et se confondant presque avec lui. *Leplurus.*
     509.
     Epillets non insérés dans les excavations du
     rachis; épi filiforme, simple; petite plante
     croissant en touffes. *Chamagrostis.* **463**.

11. Glumelle inférieure portant une arête sur le
     milieu du dos; épillets de quatre-dix fleurs.
     Gaudinia. **507**.
     Glumelle inférieure mutique ou munie d'une
     arête terminale ou subterminale   12

12. Plusieurs épillets sur chaque dent de l'axe.
     Elymus. **562**.
     Un seul épillet sur chaque dent de l'axe. .   .   13

13. Epillets à deux fleurs fertiles, rarement accom-
     pagnées d'un rudiment de fleur. *Secale.*
     562 *bis*.
     Epillets à plus de deux fleurs fertiles. .   .   .   14

14. Epillets très brièvement pédicellés.   15
     Epillets entièrement sessiles.   16

15. Epillets allongés, souvent obliques par rapport à
     l'axe, de sept fleurs au moins. *Brachypodium.*
     505.
     Epillets de moins de sept fleurs. *Nardurus.* **508**.

16. Epillets appliqués contre l'axe par un de leurs
     côtés.   17
     Epillets appliqués contre l'axe par une de leurs
     faces.   18

17. Epillets latéraux à une seule glume, le terminal
       seul à deux glumes. *Lolium*. **506**.
     Epillets latéraux à deux glumes très inégales,
       le terminal à deux glumes égales. *Festuca*.
       488.

18. Glumes fortement nerviées, tronquées et munies
       de longues arêtes. *OEgilops*. **503**.
     Non.   19

19. Glumes lancéolées-oblongues ; plantes vivaces.
       Agropyrum. **504** *bis*.
     Glumes ventrues, tronquées ou arrondies au
       sommet ; plantes annuelles. *Triticum*. **504**.

20. Epillets contenant une seule fleur fertile, accom-
       pagnée parfois de fleurs mâles, neutres ou
       rudimentaires, stériles.   21
     Epillets composés de deux ou plusieurs fleurs
       hermaphrodites, fertiles, rarement stériles. .   36

21   Epillets très brièvement pédicellés, disposés en
       épis cylindriques, denses.   22
     Epillets disposés en panicule lâche ou spici-
       forme et lobée, ne s'étalant parfois que pen-
       dant l'anthèse.   26

22. Deux étamines. *Anthoxanthum*. **462**.
     Trois étamines.   23

23. Glumelle unique aristée. *Alopecurus*. **466**.
     Deux glumelles.   24

24. Glumes inégales.   25
     Glumes égales. *Phleum*. **465**.

25. Chaumes couchés, presque cachés par les gaines. *Crypsis.* **464**.
Chaumes dressés. 26

26. Deux étamines. *Anthoxanthum.* **462**.
Trois étamines. 27

27. Glumes nulles; panicule ordinairement cachée dans la gaine supérieure. *Leersia*. **460**.
Deux glumes 28

28. Glumes acuminées-subulées ou lancéolées-aiguës. 29
Non. 31

29. Epillets munis à la base de poils mous, blanchâtres. presque aussi longs que les glumes. *Calamagrostis.* **474**.
Non. 30

30. Glumes acuminées-sétacées, renflées à la base, luisantes. *Gastridium*. **476**.
Glumes lancéolées-aiguës, comprimées, à carène aiguë. *Phalaris.* **461**. .

31. Gaine des feuilles non fendue, surmontée dans les feuilles supérieures d'un appendice, plus ou moins développé en pointe opposée au limbe. *Melica.* **491**.
Gaine plus ou moins fendue. 32

32. Glumes très inégales ; ligule remplacée par une tache brune ou roussâtre. *Panicum*. **469**.
Non. 33

33. Glumes à deux valves presque égales, cartilagi-
    neuses, dépassant un peu les glumelles ; glu-
    melles indurées et renfermant étroitement le
    caryopse. *Milium.* **477**.
    Non   34

34. Épillets ne renfermant pas de fleur mâle, mais
    parfois une fleur avortée. *Agrostis.* **475**.
    Épillets renfermant une fleur mâle   35

35. Fleur supérieure mâle. *Holcus.* **484**.
    Fleur supérieure hermaphrodite. *Arrhenathe-
    rum.* **482**.

36. Glumelle inférieure munie d'une arête vers le
    mi ieu du dos ou à sa base   37
    Glumelle inférieure sans arête ou munie d'une
    arête terminale ou insérée un peu au-dessous
    du sommet.   41

37. Arête insérée vers le milieu du dos de la glu-
    melle inférieure   38
    Arête insérée à la base ou presque à la base de
    la glumelle inférieure.   40

38. Arête terminée en massue ; plante glauque,
    croissant en touffes. *Corynephorus.* **478**.
    Non.   39

39. Glumelle inférieure bifide ou bicuspidée au
    sommet, ou panicule subunilatérale ou étalée
    en tous sens et à épillets à la fin pendants.
    Avena. **481**.
    Glumelle inférieure terminée par deux soies
    courtes, très fines ; épillets toujours dressés.
    Trisetum. **483**.

40. Glumelle inférieure bi-tridentée au sommet ;
     arête tordue à sa base. *Aira*. **479**.
     Glumelle inférieure à quatre-cinq dents au som-
     met ; arête effilée, droite. *Deschampsia*. **480**.

41. Arête insérée immédiatement au-dessous du
     sommet de la glumelle inférieure   42
     Arête terminale ou nulle   43

42. Gaîne fendue au moins dans le quart de sa lon-
     gueur ; glumelle inférieure fusiforme-subulée,
     carénée. *Bromus*. **4..9**.
     Gaine fendue seulement au sommet ; glumelle
     inférieure oblongue ou elliptique, demi-cylin-
     drique, arrondie sur le dos, obtuse au sommet.
     Serrafalcus. **500**.

43. Epillets fertiles munis à leur base d'épillets sté-
     riles en forme de peigne. *Cynosurus*. **496**.
     Non.   44

44. Feuilles larges d'au moins deux centimètres ;
     panicule très ample ; chaume élevé ; fleurs
     longuement barbues à la base. *Phragmites*.
     473.
     Non.   45

45. Glumelle inférieure longuement barbue tout
     autour. *Melica*. **491**.
     Non.   46

46. Epillets réunis en paquets denses, tournés d'un
     même côté, en panicule irrégulière. *Dactylis*.
     493.
     Non.   47

47. Glumes égales, concaves, embrassant étroite-
      ment les fleurs ; glumelle inférieure terminée
      par trois dents ; panicule spiciforme , peu
      fournie, presque simple. *Danthonia*. **495**.
     Non.   48

48. Glumelle inférieure carénée   49
     Glumelle inférieure non carénée   54

49. Plante aquatique ; deux fleurs, dont l'inférieure
      sessile, la supérieure stipitée. *Catabrosa*. **486**.
     Non.   50

50. Fleurs longuement aristées ; une étamine. *Vul-
      pia*. **497**.
     Non   51

51. Une collerette de poils à l'entrée de la gaine ;
      épillets quadri-multiflores. *Eragrostis*. **489**.
     Non.   52

52. Panicule étroite, raide, subunilatérale. *Sclero-
      poa*. **492**.
     Non   53

53. Glumes inégales, la supérieure plus longue ; pa-
      nicule courte, spiciforme, lobulée. *Kœleria*.
      485.
     Glumes égales ou à peu près. *Poa*. **488**.

54. Plante aquatique à feuilles flottantes. *Glyceria*.
      487.
     Non.   55

55. Un seul nœud à la base du chaume longuement
nu au sommet ; étamines et stigmates violacés. *Molinia.* **494**.
Non. 56

56. Glumelle inférieure ventrue, en cœur à la base.
Briza. **490**.
Glumelle inférieure demi-cylindrique ou linéaire-
lancéolée. *Festuca.* **498**.

ACOTYLÉDONES.

XCV. FOUGÈRES.

1. Fructifications portées sur la surface inférieure
de la fronde, soit sur le limbe, soit sur le
pourtour 2
Fructifications en épi simple ou en grappe paniculée, distincte de la fronde. 11

2. Fructifications mêlées à des écailles ou à des
poils roussâtres qui cachent le limbe de la
fronde. *Ceterach.* **513**.
Ecailles et poils nuls ou rares sur la fronde . . 3

3. Fructifications recouvertes dans leur jeunesse
par une membrane mince ou par un repli du
bord de la feuille 4
Fructifications toujours nues, en groupes arrondis. *Polypodium.* **514**.

4. Fructifications groupées sur le bord de la
      fronde 5
    Ftuctifications groupées sur la surface même de
      la fronde 6

5. Fructifications en ligne continue autour des
      segments de la fronde. *Pteris.* **521**.
    Fructifications en lignes interrompues; plante
      grêle. *Adianthum.* **522**.

6. Frondes lancéolées, entières ou échancrées à la
      base. *Scolopendrium.* **519**.
    Frondes plus ou moins découpées. 7

7. Fructifications en lignes ou en points réguliers. 8
    Fructifications éparses sur toute la surface de
      la fronde 10

8. Fructifications en lignes parallèles à la côte des
      segments d'une fronde lancéolée-pennatifide.
      Blechnum. **520**.
    Fructifications non parallèles à la côte . . . 9

9. Groupes de fructifications oblongs ou linéaires.
      Asplenium. **518**.
    Groupes de fructifications ovales. *Athyrium.* **517**.

10. Tégument des fructifications circulaire, attaché
      par le centre et pouvant se soulever de tous
      côtés. *Aspidium.* **515**.
    Tégument réniforme, attaché par le centre et
      par un pli ou sillon qui va du centre à la cir-
      conférence. *Polystichum.* **516**.
    Tégument attaché par un de ses bords. *Athy-
      rium.* **517**.

11. Fronde entière; fructifications en épi simple.
Ophioglossum. **511**.
Fronde découpée en lobes nombreux; fructifi-
cations en panicule. *Osmunda.* **512**.

XCVI. ÉQUISÉTACÉES.

Equisetum. **523**.

XCVII. MARSILÉACÉES.

Pilularia. **524**.

XCVIII. CHARACÉES.

Anthéridies placées au-dessus des sporanges.
Nitella. **525**.
Anthéridies placées au-dessous des sporanges.
Chara. **526**.

ANALYSE DES ESPÈCES

1. AQUILEGIA [Ancolie].

A. vulgaris. — A. commune. (I, 3) *

2. DELPHINIUM [Dauphinelle].

1. Pétales soudés en un seul; un seul follicule. . 2
   Pétales libres; trois follicules. *D. cardiopeta-
   lum.* — D. à pétales en cœur. (I, 5)

2. Follicule glabre. *D. Consolida.* — D. Consoude.
   (I, 4)
   Follicule pubescent. *D. Ajacis.* — D. d'Ajax.
   (I, 4)

3. NIGELLA [Nigelle].

Follicules soudés dans leur moitié inférieure;
   tige grêle à rameaux étalés. *N. arvensis.* —
   N. des champs. (I, 6)
Follicules soudés dans les trois quarts inférieurs;
   Tige robuste, cannelée, à rameaux étalés-
   dressés. *N. gallica.* — N. de France. (I, 6)

(*) Les chiffres entre parenthèses renvoient au volume et à la
page de la *Flore descriptive.*

4. ISOPYRUM [Isopyre].

I. thalictroides. — 1. Pigamon. (I, 7)

5. HELLEBORUS [Ellébore].

Tige très feuillée sous les rameaux. *H. fœtidus*.
— E. fétide. (I, 8)
Tige nue jusqu'aux rameaux. *H. viridis.* — E.
vert. (I, 8)

6. CALTHA [Populage].

C. palustris. — P. des marais. (I, 9)

7. ANEMONE [Anémone].

Carpelles à pointe longuement plumeuse; fleurs
violettes. *A Pulsatilla.* —   A. Pulsatille.
(I, 10)
Carpelles terminés en bec court, glabre; fleurs
blanches ou rosées. *A. nemorosa.* — A. des
bois. (I, 10)

8. THALICTRUM [Pigamon].

1. Etamines pendantes. *T. montanum.* — P. de
montagne. (I, 11)
Etamines dressées.   2

2. Feuilles inférieures à lobes courts, larges,
obtus. *T. riparium.* — P. des rivages. (I, 12)
Feuilles inférieures à lobes linéaires-lancéolés.
T. nigricans. — P. noirâtre. (I, 13)

9. CLEMATIS [Clématite].

C. Vitalba. — C. des haies. (I, 13)

10. ADONIS [Adonis].

1. Sépales glabres ; carpelles en épi dense. . .   **2**
Sépales velus ; carpelles en épi allongé , un peu
lâche. *A. flammea*. — A. écarlate. (I, 14)

2. Pétales concaves, connivents ; carpelles dépourvus de dent au bord supérieur. *A. autumnalis*.
— A. d'automne. (I, 13)
Pétales plans, étalés ; carpelles à bord supérieur
pourvu d'une dent. *A. æstivalis*. — A. d'été.
(1, 13)

11. MYOSURUS [Ratoncule].

M. minimus. — R. naine. (I, 15)

12. FICARIA [Ficaire].

F. ranunculaides. — F. Renoncule. (I, 15)

13. RANUNCULUS [Renoncule].

1. Fleurs blanches. **2**
Fleurs jaunes. **11**

2. Pétales à onglet jaune. **3**
Pétales entièrement blancs. *R. ololeucos*. — R.
blanche. (I, 17)

3.   Pétales aussi longs ou à peine plus longs que le calice.   4

Pétales au moins une fois plus longs que le calice.   6

4.   Feuilles toutes réniformes.   5

Feuilles inférieures à lobes capillaires. *R. tripartitus.* — R. tripartite. (I, 17)

5.   Feuilles à lobes courts, entiers, arrondis. *R. hederaceus.* — R. à feuilles de lierre. (I, 16)

Feuilles à lobes assez profonds, plus ou moins crénelés. *R. Lenormandi.* — R. de Lenormand. (I, 16)

6.   Feuilles toutes réniformes.   5

Feuilles supérieures seules réniformes-lobées. *R. aqualilis.* — R. aquatique. (I, 18)

Feuilles toutes à lobes capillaires ou linéaires.   7

7.   Pédoncules dépassant beaucoup les feuilles à lanières courtes, raides, disposées en cercle et ne se réunissant point en pinceau hors de l'eau. *R. divaricatus.* — R. divariquée (I, 19).

Pédoncules dépassant peu les feuilles à lanières molles et divergentes en tous sens, au moins les inférieures.   8

8.   Réceptacle nu. *R. fluitans.* — R. flottante. (I, 19)

Réceptacle velu.   9

9.   Pédoncules grêles, non atténués au sommet : pétales une fois plus longs que le calice. *R. tricophyllus.* — R. à feuilles capillaires. (I, 18)

Pédoncules épais, atténués au sommet.   10

10. Pédoncules courts; feuilles flottantes découpées en segments étroits, contigus, rayonnants sur le même plan. *R. radians.* — R. rayonnante. (I, 18)

Pédoncules allongés; feuilles supérieures variables, à segments étalés irrégulièrement. *R. aquatilis.* — R. aquatique. (I, 18)

11. Feuilles entières.   12

Feuilles plus ou moins découpées ou lobées. .   15

12. Feuilles inférieures longuement pétiolées, en cœur à la base. *R. ophioglossifolius.* — R. à feuilles d'ophioglosse. (I, 21)

Feuilles non en cœur à la base.   13

13. Sépales glabres. *R. gramineus.* — R. graminée. (I, 20)

Sépales plus ou moins velus.   14

14. Pédoncules sillonnés. *R. Flammula.* — R. flammette. (I, 20)

Pédoncules lisses. *R. Lingua.* — R. langue. (I, 21)

15. Racine grumeuse. *R. chærophyllos.* — R. Cerfeuil. (I, 24)

Racine fibreuse   16

16. Carpelles pubescents. *R. auricomus.* — R. tête d'or. (I, 21)

Carpelles glabres.   17

17. Carpelles petits, très nombreux, en tête oblongue. *R. sceleratus.* — R. scélérate. (I, 24)

Carpelles en tête arrondie   18

18.   Carpelles hérissés de pointes robustes. *R. arvensis*. — R. des champs. (I, 26)
     Carpelles dépourvus de pointes   19

19.   Souche renflée, bulbiforme. *R. bulbosus*. — R. bulbeuse (I, 23)
     Souche non renflée en forme de bulbe . . .   20

20.   Pédoncules sillonnés.   21
     Pédoncules non sillonnés   23

21.   Tige couchée, puis redressée, émettant des stolons radicants ; segment moyen des feuilles longuement pétiolulé. *R. repens*. — R. rampante. (I, 23)
     Point de stolons épigés.   22

22.   Sépales réfléchis. *R. philonotis*. — R. des mares. (I, 25)
     Sépales étalés. *R. nemorosus*. — R. des bois. (I, 25)

23.   Sépales réfléchis. *R. parviflorus*. — R. à petites fleurs. (I, 22)
     Sépales étalés. *R. boræanus*. — R. de Boreau. (I, 22)

14. BERBERIS [Epine-vinette].

B. vulgaris. — E. commune. (I, 27)

15. NYMPHÆA [Nénuphar].

N. alba. — N. blanc. (I, 29)

16. NUPHAR [Nuphar].

N. luteum. — N. jaune. (I, 30)

17. CHELIDONIUM [Chélidoine].

C. majus. — C. Eclaire. (I, 31)

18. PAPAVER [Pavot].

1. Capsule glabre, non hérissée 2
   Capsule hérissée de poils raides 5

2. Capsule arrondie à la base, obovée ; pédoncules
   à poils étalés ou apprimés 3
   Capsule atténuée à la base, en massue ; pédoncules à poils apprimés 4

3. Pédoncules à poils étalés. *P. Rhœas*. — P. Co-
   quelicot. (I, 34)
   Pédoncules à poils apprimés. *P. strigosum*. —
   P. rude. (I, 34)

4. Plante à suc aqueux. *P. collinum*. — P. des col-
   lines. (I, 33)
   Plante à suc jaune. *P. Lecoquii*. — P. de Lecoq.
   (I, 34)

5. Capsule ovoïde-globuleuse. *P. hybridum*. — P.
   hydride. (I, 33)
   Non. 6

6. Capsule allongée en massue. *P. Argemone*. — P.
   Argémone. (I, 32)
   Capsule courte, obovée-elliptique. *P. micran-
   thum*. — P. à petites fleurs. (I, 32)

19. HYPECOUM [Siliquier].

H. pendulum. — S. penchant. (I, 36)

20. CORYDALIS [Corydale].

Racine tubéreuse, à bulbe plein; tige non grim-
pante. *C. solida*. — C. solide. (I, 37)
Racine fibreuse; tige grimpante. *C. claviculata*.
— C. à vrilles. (I, 37)

21. FUMARIA [Fumeterre].

1. Fruit à base très élargie et débordant le sommet
du pédicelle. *F. confusa*. — F. confondue.
(I, 38)
Fruit à base ne débordant pas le sommet du
pédicelle   2

2. Fruit déprimé au sommet et plus large que haut.   3
Fruit n'étant pas plus large que haut. . . .   4

3. Fleurs rouges. *F. officinalis*. — F. officinale.
(I, 39)
Fleurs pâles. *F. media*. — F. intermédiaire.
(I, 39)

4. Sépales larges, ovales ou ovales-arrondis, atteignant presque ou dépassant la largeur de la
corolle.   5
Sépales plus étroits que la largeur de la corolle.   6

5. Feuilles à segments linéaires, plus ou moins
canaliculés ; fleurs en grappes serrées. *F. mi-
crantha*. — F. à fleurs menues. (I, 40)
Feuilles à segments oblongs ou lancéolés, plans ;
fleurs en grappes peu serrées. *F. Boræi.*— F.
de Boreau (I, 38).

6. Sépales linéaires, plus étroits que le pédicelle ;
fruit mûr obtus. *F. Vaillantii.* — F. de Vail-
lant. (I, 40)
Sépales ovales-aigus, plus larges que le pédicelle ; fruit apiculé. *F. parviflora.* — F. à petites fleurs. (I, 40)

22. RAPHANUS [Raifort].

R. Raphanistrum. — R. Ravenelle. (I, 42)

23. MYAGRUM [Myagre].

M. perfoliatum. — M. perfolié. (I, 43)

24. NESLIA [Neslie].

N. paniculata. — N. paniculée. (I, 44)

25. CALEPINA [Calépine].

C. Corvini. — C. de Corvinus. (I, 44)

26. SENEBIERA [Sénebière].

S. Coronopus. — S. corne de cerf. (I, 45)

27. ISATIS [Pastel].

I. tinctoria. — P. des teinturiers. (I, 46)

28. BISCUTELLA [Lunetière].

B. lævigata. — L. lisse. (I, 47)

29. IBERIS [Ibéride].

I. amara. — I. amère. (I. 48)

30. TEESDALIA [Téesdalie].

Pétales extérieurs dépassant le calice ; style
court. *T. nudicaulis.* — T. à tiges nues.
(I, 49)

Pétales ne dépassant pas le calice ; style nul.
T. Lepidium. — T. Passerage. (I, 49)

31. THLASPI [Tabouret].

Silicules grandes, ovales-orbiculaires, largement
ailées tout autour. *T. arvense.* — T. des
champs. (I, 50)

Silicules en coin à la base, ailées au sommet.
T. perfoliatum. — T. perfolié. (I, 50)

32. CAPSELLA [Capselle].

Silicule triangulaire, à bords un peu convexes ;
plante ordinairement verte. *C. bursa-pastoris.*
— C. bourse à pasteur. (I, 51)

Silicule obcordée, à bords concaves ; plante le
plus souvent rougeâtre. *C. rubella.* — C. rougeâtre. (I, 52)

33. HUTCHINSIA [Hutchinsie].

H. petræa. — H. des rocailles. (I, 52)

34. LEPIDIUM [Passerage].

1. Silicules ovoïdes-aiguës, entières au sommet. *L. graminifolium*. — P. à feuilles de gramen. (I, 54)
   Silicules échancrées au sommet.   2

2. Style inclus dans l'échancrure ; tige dressée, souvent rameuse au sommet. *L. campestre.* — P. champêtre. (I, 53)
   Style dépassant l'échancrure ; tiges couchées ou ascendantes. *L. Smithii.* — P. de Smith. (I, 54)

35. ALYSSUM [Alysson].

Silicules échancrées au sommet. *A. calycinum.* — A. à calice persistant. (I, 55)
Silicules orbiculaires, sans échancrure ; sépales caducs. *A. campestre.* — A. champêtre. (I, 56)

36. DRABA [Drave].

D. muralis. — D. des murailles. (I, 56)

37. EROPHILA [Erophile].

Silicules arrondies au sommet. *E. brachycarpa.* — E. à fruits courts. (I, 57)
Silicules atténuées aux deux bouts. *E. hirtella.* — E. hérissée. (I, 57)

38. ARABIS [Arabette].

1. Siliques étalées. *A. thaliana.* — A. de Thalius. (I, 59)
   Siliques dressées-appliquées.   2

2. Feuilles et oreillettes apprimées sur la tige.
A. *Gerardi*. — **A.** de Gérard. (I, 58)
Feuilles et oreillettes écartées ou divergentes.
A. *sagittata*. — A. sagittée. (I, 58)

39. TURRITIS [Tourette].

T. *glabra*. — T. glabre. (I, 59)

40. DENTARIA [Dentaire].

D. *bulbifera*. — D. à bulbilles. (I, 60)

41. CARDAMINE [Cardamine].

1. Pétales petits, à limbe dressé. 2
Pétales grands, à limbe étalé, deux fois au
moins plus long que le calice. 4

2. Pétiole prolongé à la base en deux oreillettes.
C. *impatiens*. — C. impatiente. (I, 63)
Pétiole non auriculé. 3

3. Feuilles caulinaires plus longues que les radicales ; six étamines. C. *sylvatica*. — C. des
bois. (I, 62)
Feuilles caulinaires plus courtes que les radicales ; ordinairement quatre étamines. C.
hirsuta. — C. hérissée. (I, 62)

4. Folioles ciliées ; fleurs de vingt millim., d'un
rose lilas. C. *pratensis*. — C. des prés. (I, 61)
Folioles glabres ; fleurs de quatorze millim.,
d'un rose très pâle ou blanches, souvent
doubles. C. *udicola*. — C. des marais. (I, 61)

42. HESPERIS [Julienne].

H. matronalis. — J. des dames. (I, 64)

43. CHEIRANTHUS [Giroflée].

C. Cheiri. — G. Violier. (I, 64)

44. ERYSIMUM [Velar].

Pétales à limbe étalé ; feuilles velues. *E. cheiranthoides.* — V. Giroflée. (I, 65)
Pétales à limbe dressé ; plante glabre. *E. perfoliatum.* — V. perfolié. (I, 65)

45. BARBAREA [Barbarée].

1. Siliques très-longues, mesurant, avec le pédicelle, cinq-six centim., étalées ; feuilles caulinaires pennatifides ; plante à saveur piquante. *B. patula.* — B. étalée. (I, 67)
   Siliques ne mesurant pas cinq centim. ; plantes à odeur nauséeuse quand on les froisse.   . .   2

2. Siliques nombreuses, subulées, grêles ; feuilles supérieures seulement sinuées ou dentées.   .   . 3
   Siliques peu nombreuses, épaisses, brusquement apiculées, jamais entièrement appliquées ni obliques ; feuilles caulinaires pennatifides. *B. intermedia.* — B. intermédiaire. (I, 67)

3. Plante vivace ; siliques obliquement dressées ou étalées ; lobes latéraux des feuilles radicales égalant la longueur du lobe terminal. *B. vulgaris.* — B. commune. (I, 66)

Plante bisannuelle ; siliques serrées contre la tige ; lobes latéraux des feuilles radicales beaucoup plus courts que la longueur du terminal. *B. stricta.* — B. raide. (I, 66)

46. NASTURTIUM [Cresson].

1. Fleurs blanches.   2
   Fleurs jaunes.   3

2. Feuilles à quatre-six paires de segments lancéolés, à peu près égaux. *N. siifolium.* — C. à feuilles de Berle. (I, 68)
   Feuilles à trois-quatre paires de segments ovales, souvent inégaux. *N. officinale.* — C. officinal. (I, 68)

3. Pédoncules plus courts que le fruit ou l'égalant.   4
   Pédondules quatre fois plus longs que le fruit. .   5

4. Sépales de moitié plus courts que les pétales. *N. sylvestre.* — C. sauvage. (I, 69)
   Sépales égalant les pétales. *N. palustre.* — C. des marais. (I, 69)

5. Plante des lieux secs ; tige grêle, dressée. *N. pyrenaicum.* — C. des Pyrénées. (I, 70)
   Plante vivant dans l'eau ; tige grosse, creuse, ascendante. *N. amphibium.* — C. amphibie. (I, 69)

47. SISYMBRIUM [Sisymbre].

1. Fleurs blanches.   2
   Fleurs jaunes.   3

2. Tige dressée ; feuilles élargies, dentées. *S. Allia-*
ria. — S. Alliaire. (I, 72)
Tige couchée ; feuilles moyennes pennatipar-
tites. *S. supinum.* — S. couché. (I, 71)

3. Siliques couvertes de petits tubercules. *S. aspe-*
rum. — S. rude. (I, 71)
Siliques dépourvues de tubercules.   4

4. Siliques atténuées de la base au sommet, exac-
tement appliquées contre la tige. *S. officinale.*
— S. officinal. (I, 70)
Siliques non exactement appliquées.   .   .   .   5

5. Plante glabre ou presque glabre. *S. Irio.* — S.
Irio. (I, 72)
Plante couverte de poils mous. *S. Sophia.* — S.
Sagesse. (I, 72)

48. DIPLOTAXIS [Diploxatide].

1. Pétales insensiblement atténués en onglet ; pédicelles égalant les sépales. *D. viminea.* —
D. des vignes. (I, 74)
Pétales contractés en onglet ; pédicelles au
moins deux fois plus longs que les sépales.   .   2

2. Tige non feuillée dans le haut ; pédicelles égalant environ le calice et la corolle ; calice
hérissé. *D. muralis.* — D. des murs. (I, 73)
Tige feuillée dans le haut ; pédicelles plus longs
que la fleur ; calice glabre ou seulement
hérissé au sommet. *D. tenuifolia.* — D. à
feuilles menues. (I, 73)

49. ERUCASTRUM [Erucastre].

E. Pollichii. — E. de Pollich. (I, 74)

50. SINAPIS [Moutarde].

1. Feuilles supérieures sessiles.   2
   Feuilles toutes pétiolées.   3

2. Siliques gonflées, cylindriques à la maturité.
   S. arvensis. — M. des champs. (I, 75)
   Siliques grêles, toruleuses. *S. Schkuhriana*. —
   M. de Schkuhr. (I, 75)

3. Sépales dressés ; siliques étalées. *S. Cheiranthus*.
   — M. Giroflée. (I, 76)
   Sépales étalés ; siliques appliquées. *S. nigra*. —
   . M. noire. (I, 76)

51. CAMELINA [Cameline].

C. dentata. — C. dentée. (I, 77)

52. RESEDA [Réséda].

Toutes les feuilles entières. *R. luteola*. — R.
   Gaude. (I, 79)
Feuilles supérieures pennatifides. *R. lutea*. —
   R. jaune. (I, 78)

53. ASTROCARPUS [Astrocarpe].

A. Clusii. — A. de Lécluse. (I, 79)

54. SEDUM [Orpin].

1. Fleurs blanches ou rosées ou rouges. . . .   2
   Fleurs jaunes ou jaunâtres.   9

2. Feuilles planes. 3
   Feuilles n'étant pas planes. 4

3. Souche grosse, à fibres renflées ; tiges glabres.
   S. Telephium. — O. Télèphe. (I, 81)
   Racine fibreuse ; tiges pubescentes. *S. Cepæa.*
   — O. faux oignon. (I, 82)

4. Plante glabre. 5
   Plante pubescente, glanduleuse au sommet. . 8

5. Feuilles cylindriques, allongées ; pétales un peu
   obtus. 6
   Feuilles ovoïdes, courtes ; pétales aigus. . . 7

6. Feuilles des tiges stériles serrées ; plantes de
   un-deux décim. *S. micranthum.* — O. à petites fleurs. (I, 83)
   Feuilles des tiges stériles lâches ; plantes de
   un-trois décim. *S. album.* — O. blanc. (I, 83)

7. Des rejets stériles ; plante vivace, en gazons
   étalés. *S. anglicum.* — O. d'Angleterre.
   (I, 84)
   Tige droite, sans rejets stériles, annuelle. *S. an-
   degavense.* — O. d'Anjou. (I, 82)

8. Fleurs sessiles le long des rameaux. *S. rubens.*
   — O. rougeâtre. (I, 82)
   Fleurs pédicellées. *S. pentandrum.* — O. à cinq
   étamines. (I, 83)

9. Feuilles aiguës. 10
   Feuilles très-obtuses, mutiques. *S. acre.* — O.
   acre. (I, 84)

10. Feuilles des rejets stériles en faisceaux obtus,
celles des tiges fertiles comprimées. *S. elegans.* — O. élégant. (I, 85)
Feuilles des rejets stériles en faisceaux coni-
ques, celles des tiges fertiles cylindriques.
S. reflexum. — O. penché. (I, 85)

55. UMBILICUS [Ombilic].

U. pendulinus. — O. à fleurs pendantes. (I, 86)

56. TILLÆA [Tillée].

T. muscosa. — T. Mousse. (I, 86)

57. SEMPERVIVUM [Joubarbe].

Pétales une fois plus longs que le calice, dressés, non étalés ; feuilles oblongues-elliptiques.
S. tectorum. — J. des toits. (I, 87)
Pétales deux fois plus longs que le calice, étalés
en étoile ; feuilles oblongues-obovales. *S. Lamottei.* — J. de Lamotte. (I, 87)

58. PARIETARIA [Pariétaire].

P. diffusa. — P. diffuse. (I, 89)

59. URTICA [Ortie].

1. Fleurs en têtes globuleuses. *U. pilulifera.* —
O. à pilules. (I, 90)
Non.   2

2. Fleurs en grappes axillaires dépassant de beaucoup le pétiole. *U. dioica*. — O. dioïque. (I, 90)

Fleurs en grappes axillaires, géminées, plus courtes que le pétiole. *U. urens*. — O. brûlante. (I, 90)

60. HUMULUS, (voyez II, 240).

61. CERATOPHYLLUM [Cornifle].

C. demersum. — C. nageant. (I, 91)

62. PASSERINA. [Passerine].

P. annua. — P. annuelle. (I, 92)

63. DAPHNE [Daphné].

D. Laureola. — D. Lauréole. (I, 93)

64. ULEX [Ajonc].

Etendard veiné de rouge ; ailes plus courtes que la carène. *U. nanus*. — A. nain. (I, 96)
Etendard non veiné ; ailes plus longues que la carène. *U. europæus*. — A. d'Europe. (I, 95)

65. SAROTHAMNUS [Sarothamne].

S. vulgaris. — S. commun. (I, 96)

66. GENISTA (Genêt].

1. Tiges ailées. *G. sagittalis*. — G. ailé. (I, 97)
Tiges non ailées 2

2. Etendard et calice velus-soyeux. *G. pilosa.* —
G. velu. (I, 97)
Etendard glabre.   3

3. Plante épineuse. *G. anglica.* — G. d'Angleterre.
(I, 98)
Plante sans épines. *G. tinctoria.* — G. des tein-
turiers. (I, 98)

67. CYTISUS [Cytise].

Folioles obovales ; stipules nulles. *C. supinus.*
— C. couché. (I, 99)
Folioles elliptiques ou lancéolées ; stipules lan-
céolées. *C. argenteus.* — C. argenté. (I, 100)

68. ADENOCARPUS [Adénocarpe].

A. complicatus. — A. plié. (I, 100)

69. LUPINUS [Lupin].

L. reticulatus. — L. réticulé. (I, 101)

70. ONONIS [Bugrane].

1. Corolle au moins un tiers plus longue que le
calice.   2
Corolle plus courte que le calice ou l'égalant.
O. Columnæ. — B. de Columna. (I, 103)

2. Fleurs roses.   3
Fleurs jaunes. *O. natrix.* — B. gluante. (I, 103)

3. Souche longuement traçante, à rejets souterrains ; fruit plus court que le calice. *O. arvensis.* — B. à racines rampantes. (I, 102)
   Souche verticale, non traçante, sans stolons ;
   fruit égalant ou dépassant le calice ; racine
   verticale. *O. campestris.* — B. champêtre.
   (I, 102)

71. ANTHYLLIS [Anthyllide].

Tiges étalées ; fleurs jaunes. *A. vulneraria.* —
   A. vulnéraire. (I, 104)
Tiges dressées ; fleurs rouges ou panachées.
   A. Dillenii. — A. de Dillen. (I, 105)

72. MEDICAGO [Luzerne].

1. Fruit épineux ou tuberculeux sur les bords. .   2
   Fruit lisse.   5

2. Fruit pubescent.   3
   Fruit glabre.   4

3. Pédoncules aristés. *M. minima.* — L. naine.
   (I, 108)
   Pédoncules non aristés. *M. cinerascens.* — L.
   grisâtre. (I, 108)

4. Stipules laciniées. *M. apiculata.* — L. à pointes.
   (I, 107)
   Stipules seulement dentées. *M. maculata.* — L.
   tachée. (I, 107)

5. Gousse réniforme ou courbée en faux ou en hélice perforée au centre.   6

Gousse orbiculaire, contournée en hélice, non perforée au centre. *M. ambigua.* — L. ambiguë. (I, 107)

6. Gousse réniforme ne contenant qu'une seule graine. *M. Lupulina.* — L. Lupuline. (I, 106)

Gousse en faucille ou en spirale, à plusieurs graines.   7

7. Gousse formant un tour complet. *M. media.* — L. moyenne. (I, 106)

Gousse formamt au moins deux tours. *M. sativa.* — L. cultivée. (I, 105)

73. MELILOTUS [Mélilot].

1. Fleurs blanches. *M. alba.* — M. blanc. (I, 110)
Fleurs jaunes.   2

2. Gousse glabre. *M. arvensis.* — M. des champs. (I, 109)

Gousse pubescente. *M. altissima.* — M. élevé. (I, 109)

74. TRIFOLIUM [Trèfle].

1. Fleurs jaunes.   2
Fleurs rouges ou roses ou blanches ou d'un blanc jaunâtre.   7

2. Dent inférieure du calice bien plus longue que les autres. *T. ochroleucum.* — T. jaunâtre. (I, 113)

Dents du calice à peu près égales   3

3. Etendard strié, plan sur le dos et courbé au
    sommet ; fleurs nombreuses.   4
    Etendard lisse ou presque lisse, en carène sur
    le dos, légèrement recourbé au sommet ;
    deux-quinze fleurs en capitule lâche. . . .   6

4. Fleurs d'un beau jaune doré, en capitule globu-
    leux, un peu lâche ; style presque aussi long
    que la gousse. *T. patens.* — T. étalé. (I, 120)
    Fleurs n'étant pas d'un beau jaune doré. . .   5

5. Fleurs d'un jaune clair, en capitules ovoïdes, de
    dix-douze millim. de diamètre ; pédoncule
    plus court que la feuille ou l'égalant à peine ;
    folioles obovales-cunéiformes, l'impaire à pé-
    tiolule trois fois moins long qu'elle. *T. pro-*
    cumbens. — T. tombant. (I, 121)
    Fleurs d'un jaune soufre pâle, en capitules ovoï-
    des-arrondis, de cinq-six millim. de diamètre ;
    pédoncule plus long que la feuille ; folioles
    obovales, petites, l'impaire à pétiolule quatre
    fois moins long qu'elle. *T. pseudo-procumbens.*
    — Faux trèfle tombant. (I, 121)

6. Pédoncule droit, raide, dépassant la feuille :
    fleurs au nombre de six-quinze. *T. minus.* —
    T. nain. (I, 122)
    Pédoncule flexueux, capillaire, égalant ou dépas-
    sant la feuille ; capitules de deux-six fleurs.
    T. filiforme. — T. filiforme. (I, 122)

7. Calice velu ou hérissé, au moins sur les dents.   8
    Calice entièrement glabre.   27

8. Fleurs d'un blanc jaunâtre. 2
  Fleurs blanches, roses ou rouges. 9

9. Plante couchée, gazonnante. 10
  Non. 12

10. Calice enflé-vésiculeux. 21
  Non. 11

11. Dents du calice plus longues que la corolle. *T. suffocatum.* — T. suffoqué. (I, 119)
  Dents du calice plus courtes que la corolle. *T. sublerraneum.* — T. semeur. (I, 117)

12. Fleurs en capitule cylindrique ou allongé. . . 13
  Fleurs en tête ovoïde ou globuleuse. . . . 20

13. Folioles arrondies ou en cœur renversé. . . 14
  Folioles linéaires ou oblongues. 15

14. Fleurs d'un beau rouge. *T. incarnatum.* — T. incarnat. (I, 111)
  Fleurs d'un blanc rosé. *T. Molinerii.* — T. de Molineri. (I, 112)

15. Capitule terminal plus ou moins pédonculé. . 16
  Capitules géminés et sessiles entre les feuilles. *T. Bocconi.* — T. de Boconne. (I, 116)

16. Calice à tube glabre. *T. rubens.* — **T.** rouge. (I, 112)
  Calice à tube velu. 17

17. Dents du calice fructifère spinescentes ainsi que le sommet des folioles. *T. augustifolium.* — T. à feuilles étroites. (I, 111)
  Dents du calice molles. 18

18. Dents du calice plumeuses jusqu'au sommet. . 19
  Dents du calice seulement ciliées. *T. gracile.* —
  T. grêle. (I, 116)

19. Dents du calice dépassant presque deux fois la
  corolle. *T. arvense.* — T. des champs. (I, 115)
  Dents du calice dépassant la corolle au plus d'un
  tiers de sa longueur. *T. agrestinum.* — T.
  agreste. (I, 115)

20. Calice enflé-vésiculeux. 21
  Non. 22

21. Fleurs renversées, l'étendard en bas, la carène
  en haut. *T. resupinatum.* — T. renversé.
  (I, 118)
  Fleurs dans la position normale. *T. fragiferum.*
  — T. Fraisier. (I, 117)

22. Plusieurs capitules latéraux. 23
  Capitules terminaux. 24

23. Fleurs rougeâtres ; dents du calice dressées, peu
  inégales. *T. striatum.* — T. strié. (I, 116)
  Fleurs blanchâtres ; dents du calice inégales,
  raides et recourbées. *T. scabrum.* — T. scabre. (I, 117)

24. Fleurs purpurines ou d'un beau rose. . . . 25
  Fleurs d'un blanc rosé. 26

25. Calice à tube velu ; corolle soudée en tube à la
  base. *T. pratense.* — T. des prés. (I, 113)
  Calice à tube glabre, velu à la gorge ; corolle à
  pétales libres. *T. medium.* — T. moyen. (I, 113)

26. Calice à vingt nervures. *T. lappaceum.* — T.
    Bardane. (I, 114)
    Calice à dix nervures. *T. maritimum.* — T. ma-
    ritime. (1, 114)

27. Capitules latéraux et sessiles. *T. glomeratum.*
    — T. aggloméré. (1, 118)
    Capitules tous terminaux ou pédonculés. .   .   28

28. Folioles obovales ou obcordées ; fleurs pourvues
    chacune d'un pédicelle et déjetées sur le pé-
    doncule après la floraison. *T. repens.* — T.
    rampant. (I, 120)
    Folioles oblongues-lancéolées ; fleurs sessiles et
    jamais déjetées sur le pédoncule. *T. strictum.*
    — T. raide. (I, 119)

75. DORYCNIUM [Dorycnie].

D. suffruticosum. — D. frutescente. (I, 123)

76. TÉTRAGONOLOBUS [Tétragonolobe].

T. siliquosus. — T. siliqueux. (I, 124)

77. LOTUS [Lotier]

1. Dents du calice réfléchies avant la floraison. *L.
   uliginosus.* — L. des fanges. (1, 126)
   Dents du calice toujours dressées.   2

2. Dents du calice égalant le tube ou plus courtes
   que lui.   3
   Dents du calice plus longues que le tube. .   .   4

3. Stipules linéaires, aiguës; pédoncules filiformes.
    L. tenuifolius. — L. à feuilles menues. (I,
    125)
    Stipules ovales ou lancéolées; pédoncules épais.
    L. corniculatus. — L. corniculé. (I, 125)

4. Etendard plus long que les ailes; légume une
    fois plus long que le calice. *L. hispidus.*— L.
    hispide. (I, 127)
    Etendard plus court que les ailes; légume cinq-
    six fois plus long que le calice. *L. angustis-
    simus.* — L. grêle. (I, 126)

78. ASTRAGALUS [Astragale].

1. Fleurs jaunâtres. *A. glycyphyllos.* — A. à
    feuilles de réglisse. (I, 128)
    Fleurs rouges.   2

2. Fleurs en grappe lâche; fruit pubescent ou gla-
    bre. *A. monspessulanus.* — A. de Mont-
    pellier. (I, 128)
    Fleurs en grappe globuleuse-ovoïde, serrée; fruit
    laineux. *A. purpureus.* — A. pourpre.
    (I, 127)

79. VICIA [Vesce].

1. Fleurs axillaires, peu nombreuses, non portées
    sur un pédoncule commun   2
    Fleurs en grappe pédonculée, plus ou moins
    fournie.   8

 ANALYSE DES ESPÈCES

2. Fleurs jaunes ou blanches ; gousse hérissée de poils bulbeux à la base. *V. lutea*. — V. jaune. (I, 132)
Fleurs jamais jaunes 3

3. Gousse stipitée ; fleurs d'un pourpre violet foncé, solitaires. *V. peregrina*. — V. voyageuse. (I, 131)
Non. 4

4. Folioles de toutes les feuilles obovales ou cunéiformes à la base 5
Folioles des feuilles supérieures étroites, tronqués au sommet 6

5. Gousse pubescente, jaunâtre à la maturité. *V. sativa*. — V. cultivée. (I. 129)
Gousse glabre, noircissant à la maturité. *V. lathyroides*. — V. fausse Gesse. (I, 131)

6. Folioles des feuilles supérieures oblongues . . 7
Folioles linéaires, très étroites ; stipules à dents crochues. *V. uncinata*. — V. crochue. (I, 131)

7. Gousse étalée ; étendard livide en dehors, ailes rosées. *V. torulosa*. — V. toruleuse. (I, 130)
Gousse dressée ; pétales concolores. *V. segetalis*. — V. des moissons. (I, 130)

8. Deux à cinq fleurs sur le pédoncule 9
Quinze fleurs ou plus 10

9. Fleurs purpurines ; feuilles dentées. *V. serrati-folia.* — V. à feuilles dentées. (I, 133)
Fleurs bleuâtres ; feuilles non dentées. *V. se-pium.* — V. des haies. (I, 132)

10. Calice bossu à la base ; étendard à limbe une fois plus court que l'onglet. *V. varia.* — V. variable. (I, 134)
Calice non bossu ; étendard égalant au moins l'onglet. 11

11. Etendard à limbe égal à l'onglet. *V. Cracca.* — V. Cracca. (I, 133)
Etendard à limbe une fois plus long que l'onglet. *V. tenuifolia.* — V. à feuilles menues. (I, 134)

80. ERVUM [Ers].

1. Gousse hérissée, à deux graines, à bord supérieur prolongé en bec court. *E. hirsutum.* — E. hérissé. (I, 135)
Gousse glabre, ou à peu près, à sommet non prolongé en bec 2

2. Pédoncules plus longs que les feuilles ; fruit à six graines. *E. gracile.* — E. grêle. (I, 136)
Pédoncules à peu près égaux aux feuilles ; fruit à quatre graines. *E. tetraspermum.* — E. à quatre graines. (I, 135)

81. ERVILIA [Ervilier].

E. sativa. — E. cultivé. (I, 137)

82. PISUM [Pois].

Graines lisses, comprimées-anguleuses ; fleurs
d'un blanc bleuâtre, à ailes d'un pourpre
foncé. *P. arvense.* — P. des champs. (I, 137)
Graines finement tuberculeuses, globuleuses ;
fleurs grandes, roses, à ailes d'un rouge noirâtre. *P. Tuffetii.* — P. de Tuffet. (I, 138)

83. LATHYRUS [Gesse].

1. Fleurs jaunes ou blanches.   2
    Fleurs rouges, roses ou bleuâtres.   4

2. Pétiole terminé par une vrille rameuse ou par
    une foliole linéaire ; racine fibreuse . . .   3
    Pétiole terminé par une pointe ; souche à racines
    tubéreuses-fusiformes. *L. asphodeloides.* —
    G. Asphodèle. (I, 144)

3. Une ou très rarement deux fleurs sur le pédon-
    cule ; feuilles nulles ; stipules largement has-
    tées. *L. Aphaca.* — G. sans feuilles. (I, 138)
    Trois à douze fleurs sur le pédoncule ; feuilles à
    une paire de folioles. *L. pratensis.* — G. des
    prés. (I, 143)

4. Racine tubéreuse   5
    Racine fibreuse   6

5. Pétiole terminé par une vrille rameuse. *L. tu-
    berosus* — G. tubéreuse. (I, 141)
    Pétiole terminé par une pointe sétacée. *L. ma-
    crorhizus.* — G. à racine noueuse. (I, 142)

6.   Pétioles tous terminés en pointe subulée, ou
        par une vrille simple.   7
     Pétioles, au moins ceux du sommet de la plante,
        terminés par une vrille rameuse   11

7.   Feuilles à plusieurs paires de folioles. . . .   8
     Feuilles à une seule paire de folioles ou réduites
        au pétiole foliacé   9

8.   Feuilles à trois-six paires de folioles. *L. niger.*
        — G. noire. (I, 143)
     Feuilles à deux-trois paires de folioles. *L. pa-
     lustris.* — G. des marais. (I, 142)

9.   Une paire de folioles linéaires.   10
     Feuilles réduites au pétiole ailé. *L. Nissolia.* —
        G. de Nissole. (I, 139)

10. Pédoncule fructifère cinq-six fois plus long que
        le pétiole; graines cubiques. *L. angulatus.*
        — G. anguleuse. (I, 144)
     Pédoncule fructifère plus court que le pétiole;
        graines globuleuses. *L. sphæricus.* — G.
        sphérique. (I, 144)

11. Fleurs solitaires sur des pédoncules plus courts
        que la feuille. *L. Cicera.* — G. Pois-chiche.
        (I, 140)
     Fleurs plus ou moins nombreuses, ou pédoncule
        plus long que la feuille . , ...   12

12. Feuilles à une seule paire de folioles . . .   13
     Deux ou trois paires de folioles   7

13. Une à trois fleurs sur le pédoncule ; gousse couverte de poils tuberculeux à la base. *L. hirsutus*. — G. hérissée. (I, 139)

Plus de trois fleurs sur le pédoncule ; gousse glabre 14

14. Fleurs d'un rose mêlé de nuances verdâtres ou livides ; folioles à trois nervures saillantes. *L. sylvestris*. — G. sauvage. (I, 140)

Fleurs d'un rose purpurin ; folioles à cinq nervures saillantes. *L. latifolius*. — G. à larges feuilles. (I, 141)

84. CORONILLA [Coronille].

1. Fleurs roses ou rosées. *C. varia*. — C. panachée. (I, 146)

Fleurs jaunes 2

2. Trois ou quatre paires de folioles presque égales, avec impaire. *C. minima*. — C. naine. (I, 145)

Trois folioles seulement, la terminale très grande. *C. scorpioides*. — C. Scorpion. (I, 146)

85. ORNITHOPUS [Ornithope].

1. Fleurs jaunes 2
Fleurs blanches ou roses. 3

2. Pédoncule muni de bractées ; feuilles moyennes et supérieures sessiles. *O. compressus*. — O. comprimé. (I, 149)

Pédoncule dépourvu de feuille bractéale; feuilles toutes pétiolées. *P. ebracteatus.* — O. sans bractées. (I, 147)

3. Dents du calice deux fois plus courtes que le tube; gousses arquées. *O. perpusillus.* — O. délicat. (I, 148)

Dents du calice égalant le tube; gousses droites ou presque droites. *O. roseus.* — O. rose. (I, 148)

86. HIPPOCREPIS [Hippocrépide].

H. comosa. — H. en ombelle. (I, 149)

87. ONOBRYCHIS [Esparcette].

O. sativa. — E. cultivée. (I, 150)

88. SPIRÆA [Spirée].

Souche à fibres renflées en tubercules ovoïdes; étamines plus courtes que les pétales. *S. Filipendula.* — S. Filipendule. (I, 152)

Racine fibreuse; étamines plus longues que les pétales. *S. Ulmaria.* — S. Ulmaire. (I, 152)

89. GEUM [Benoite].

G. urbanum. — B. commune. (I, 153)

90. POTENTILLA [Potentille].

1. Fleurs jaunes. 2
Fleurs blanches. 9

2. Feuilles pennatiséquées, à segments nombreux. 3
Feuilles palmées. 4

3. Stipules incisées; feuilles soyeuses-argentées en dessous. *P. Anserina.* — P. Ansérine. (I, 158)
   Stipules entières; feuilles vertes, presque glabres. *P. supina.* — P. couchée. (I, 159)

4. Fleurs ordinairement à cinq pétales. 5
   Fleurs ordinairement à quatre pétales. . . . 8

5. Feuilles blanches-tomenteuses en dessous. . . 6
   Non. 7

6. Tige droite ou redressée. *P. argentata.* — P. argentée. (I, 157)
   Tige tout à fait couchée ou étalée. *P. demissa.* — P. étalée. (I, 158)

7. Tiges longuement rampantes, filiformes; pédoncules longs, solitaires, uniflores. *P. reptans.* — P. rampante. (I, 156)
   Tiges assez courtes, non filiformes, un peu redressées; fleurs disposées en cimes terminales, irrégulières, pauciflores. *P. verna.* — P. printanière. (I, 155)

8. Feuilles caulinaires sessiles. *P. Tormentilla.* — P. Tormentille. (I, 157)
   Toutes les feuilles pétiolées. *P. procumbens.* — P. étalée. (I, 156)

9. Une à deux feuilles caulinaires trifoliolées; pétales un peu plus longs que le calice. *P. Fragariastrum.* — P. faux Fraisier. (I, 154)
   Une à deux feuilles caulinaires unifoliolées; pétales une fois plus longs que les sépales. *P. splendens.* — P. éclatante. (1, 155

91. FRAGARIA [Fraisier].

Calice appliqué sur le fruit dépourvu de graines
à la base. *F. collina.*— F. des collines. (I, 160)
Calice étalé ou réfléchi ; fruit pourvu de graines
sur toute sa surface. *F. vesca.* — F. comes-
tible. (I, 159)

92. RUBUS [Ronce].

1. Calice étalé ou apprimé après l'anthèse.   2
   Calice réfléchi après l'anthèse.   31

2. Pétales roses, violacés ou carnés.   3
   Pétales blancs.   19

3. Etamines blanches ou un peu rosées à la base
      seulement.   4
   Etamines roses ou violacées.   16

4. Calice vert ou d'un gris cendré, à lobes bordés
      de blanc.   5
   Calice à lobes non bordés.   6

5. Pétales roses ; anthères roses ; tige anguleuse.
      R. divaricatus. — R. étalée. (I, 212)
   Pétales d'un blanc un peu rosulé ; tige arrondie.
      R. parvulus. — R. naine. (I, 161)

6. Calice dépourvu de glandes ou à peine glandu-
      leux.   7
   Calice très glanduleux.   13

7. Carpelles glabres.   8
   Carpelles velus avant la maturité.   11

8. Styles roses. *R. nemorosus.* — R. des bois.
 (I, 165)
 Styles n'étant pas roses.   9

9. Carpelles gonflés, avortés en partie. . . .   10
 Carpelles normaux.   11

10. Calice blanc-tomenteux. *R. degener.*— R. dégé-
 nérée. (I, 163)
 Calice d'un gris verdâtre. *R. dumetorum.* —
 R. des buissons. (I, 166)

11. Tige poilue, glanduleuse. *R. boræanus.* — R. de
 Boreau. (I, 177)
 Tige glabre ou glabrescente ou à glandes rares
 ou nulles.   12

12. Feuilles caulinaires molles, d'un vert foncé et
 glabres en dessus, à dents fines, aiguës ;
 pétales carnés. *R. clethraphilus.* — R. des
 aunaies. (I, 181)
 Feuilles caulinaires fermes, d'un vert olive,
 glabrescentes en dessus, à dents grossières,
 épaisses, inégales ; pétales roses. *R. Salteri.*
 — R. de Salter. (I, 185)

13. Foliole terminale des feuilles caulinaires étroitement ovale.   14
 Foliole terminale des feuilles caulinaires largement ovale ou suborbiculaire.   15

14. Folioles des feuilles caulinaires blanches-tomenteuses en dessous, à dents fines ; fleurs roses ;
 styles jaunâtres, à base rose ou violacée.
 R. Genevierii. — R. de Genevier. (I, 170)

Feuilles grises ou un peu blanches-tomenteuses
en dessous, à dents grossières et inégales,
cuspidées, laissant entre elles un sinus assez
large ; fleurs d'un rose pâle ; styles blancs.
R. discerptus. — R. déchirée. (I, 175)

15. Styles roses. *R. Bloxami*. — R. de Bloxam.
(I, 176)
Styles jaunâtres, nuancés de rose à la base ;
calice couvert de glandes rouges. *R. mutabilis*.
— R. inconstante. (I, 171)

16. Tige glanduleuse. 17
Tige dépourvue de glandes ou à glandes rares. 18

17. Folioles à dents fines, la terminale largement
ovale ; styles violacés à la base. *R. boræanus*.
— R. de Boreau. (I, 177)
Folioles très grossièrement dentées ; styles
blancs. *R. discerptus.*— R. déchirée. (I, 175)

18. Styles jaunâtres ; calice à lobes bordés de blanc.
R. divaricatus. — R. étalée. (I, 212)
Styles roses ; calice à lobes non bordés de blanc.
R. balfourianus. — R. de Balfour. (I, 163)

19. Etamines blanches ou un peu rosulées à la base. 20
Etamines violacées. *R. balfourianus*. — R. de
Balfour. (I, 163)

20. Calice dépourvu de glandes ou à glandes rares. 21
Calice très glanduleux. 24

21. Calice à lobes bordés de blanc. 22
Non 27

22. Carpelles en partie avortés; feuilles ternées. . 23
Carpelles normaux; feuilles quinées. *R. fastigiatus*. — R. élevée. (I, 213)

23. Feuilles caulinaires glabres ou presque glabres en dessus; plante des lieux frais. *R. cæsius*. — R. bleuâtre. (I, 160)
Feuilles à poils assez abondants en dessus; plantes des lieux secs et pierreux. *R. parvulus*. — R. naine. (I, 161)

24. Carpelles gonflés, glauques, bleuâtres à la maturité; calice bordé de blanc. *R. cæsius*. — R. bleuâtre. (I, 160)
Carpelles normaux. 25

25. Calice blanc-tomenteux. *R. discerptus*. — R. déchirée. (I, 175)
Calice verdâtre. 26

26. Pétales d'un blanc pur. *R. insolatus*. — R. brûlée. (I, 173)
Pétales rosés. *R. mutabilis*. — R. inconstante. (I, 171)

27. Styles roses. *R. nemorosus*. — R. des bois. (I, 165)
Styles verdâtres ou blancs. 28

28. Feuilles caulinaires tomentelleuses, à poils nombreux, très apprimés en dessus, à tomentum épais, velouté en dessous. *R. delloideus*. — R. triangulaire. (I, 164)
Feuilles caulinaires glabres ou presque glabres en dessus, poilues et non veloutées en dessous. 29

29. Tige un peu glanduleuse ; stipules filiformes ou
    ovales.   30
    Tige non glanduleuse ; feuilles caulinaires à
    stipules étroitement ovales, longuement acu-
    minées. *R. dumetorum.* — R. des buissons.
    (I, 166)

30. Stipules filiformes ; feuilles caulinaires munies
    en dessous de poils couchés, brillants ; calice
    blanc-tomenteux, à peine aculéolé, à glandes
    rares. *R. degener.* — R. dégénérée. (I, 163)
    Stipules ovales ; feuilles caulinaires peu poilues
    en dessous ; calice cendré-verdâtre, souvent
    aculéolé et muni de quelques glandes stipi-
    tées. *R. rivalis.* — R. des ruisseaux. (I, 162)

31. Carpelles avortés pour la plupart   32
    Carpelles normaux..   34

32. Lobes du calice bordés de blanc. *R. Suberti.* —
    R. de Subert. (I, 204)
    Non.   33

33. Pétales blancs. *R. anomalus.* — R. irrégulière.
    (I, 206)
    Pétales d'un rose vif. *R. giganteus.* — R. géante.
    (I, 193).

34. Calice vert, à lobes bordés de blanc.   .   .   .   35
    Non.   37

35. Pétales d'un rose plus ou moins vif.   .   .   .   36
    Pétales blancs. *R. fastigiatus.* — R. élevée.
    (I, 213)

36. Pétales roses ; calice à lobes brièvement acu-
    minés. *R. divaricatus.* — R. étalée. (I, 212)
    Pétales d'un rose très pâle ; calice à lobes lon-
    guement acuminés en pointe étroite, souvent
    foliacée. *R. adscitus.* — R. associée. (I, 172)

37. Feuilles caulinaires grises ou vertes en dessous.   38
    Feuilles caulinaires blanches-tomenteuses en
    dessous.   54

38. Pétales roses.   39
    Pétales blancs.   49

39. Carpelles glabres.   40
    Carpelles velus avant la maturité.   80

40. Calice très glanduleux.   41
    Calice à glandes rares ou nulles.   44

41. Styles saumonés ou rosés. *R. Questierii.* — R. de
    Questier. (I, 184)
    Styles verdâtres.   42

42. Tige munie de poils glanduleux, abondants. .   43
    Tige presque dépourvue de poils glanduleux.
    R. vestitus. — R. parée. (I, 179)

43. Foliole terminale des feuilles caulinaires large-
    ment ovale. *R. mutabilis.* — R. inconstante.
    (I, 171).
    Foliole terminale des feuilles caulinaires étroi-
    tement ovale. *R. discerptus.* — R. déchirée.
    (I, 175)

44. Tige profondément canaliculée. *R. thyrsoideus.*
    — R. en thyrse. (I, 189)
    Tige à faces planes ou n'étant canaliculée qu'au
    sommet.   45

45. Etamines et anthères roses. *R. nitidus.* — R.
      brillante. (I, 211)
      Etamines blanches.   46

46. Styles saumonés ou rosés.   44
      Styles verdâtres; panicule longuement hérissée.   47

47. Foliole terminale des feuilles caulinaires ovale,
      étroite, allongée; tige peu poilue. *R. flexi-
      caulis.* — R. à tige courbée. (I, 188).
      Foliole terminale des feuilles caulinaires large-
      ment ovale; tige poilue.   48

48. Pétales d'un rose très pâle, poilus; calice peu
      hérissé, un peu aculéolé, non glanduleux.
      R. secophilus. — R. des enclos. (I, 183)
      Pétales roses; calice hérissé, feutré, un peu
      glanduleux. *R. piletostachys.* — R. à panicule
      hérissée. (I, 180)

49. Tige obtusément anguleuse, à faces planes. .   50
      Tige canaliculée ou à faces excavées, munie de
      linéoles rougeâtres.   53

50. Feuilles caulinaires à poils nombreux, très appri-
      més en dessus, à tomentum épais, velouté
      en dessous. *R. deltoideus.* — R. triangulaire.
      (I, 164)
      Feuilles glaucescentes ou à poils rares en dessus,
      plus ou moins hérissées en dessous. . . .   51

51. Calice poilu, glanduleux. *R. Radula.* — R. râpe.
      (I, 174)
      Calice non glanduleux.   52

52. Feuilles caulinaires à dents fines, aiguës; stipules lancéolées. *R. pubicaulis.* — R. à tige poilue. (I, 168)
Feuilles caulinaires à dents grossières, inégales; stipules filiformes. *R. secophilus.* — R. des enclos. (I, 183)

53. Tige poilue. *R. carpinifolius.* — R. à feuilles de Charme. (I, 182)
Tige glabre ou à poils espacés. *R. thyrsoideus.* — R. en thyrse. (I, 189)

54. Tige pourvue de glandes nombreuses, stipitées et souvent de soies et d'acicules. 55
Tige à glandes stipitées rares ou nulles. . . 59

55. Pétales blancs ou d'un blanc jaunâtre; calice à lobes brièvement acuminés. 56
Pétales d'un rose plus ou moins vif; calice à lobes longuement acuminés. 57

56. Pétales blancs; calice verdâtre, glanduleux. *R. Radula.* — R. râpe. (I, 174)
Pétales d'un blanc jaunâtre; calice blanc-tomenteux, non glanduleux. *R. lloydianus.* — R. de Lloyd. (I, 207)

57. Calice blanc-tomenteux. *R. discerptus.* — R. déchirée. (I, 175)
Calice verdâtre. 58

58. Foliole terminale des feuilles caulinaires largement ovale; pétales d'un rose pâle. *R. mutabilis.* — R. inconstante. (I, 171)

Foliole terminale des feuilles caulinaires étroitement ovale ; pétales d'un beau rose. *R. Genevierii.* — R. de Genevier. (I, 170)

59. Pétales d'un rose plus ou moins vif. . . .   60
Pétales blancs ou d'un blanc jaunâtre. . . .   72

60. Carpelles glabres.   61
Carpelles velus avant la maturité.   63

61. Etamines et styles roses. *R. propinquus.* — R.
voisine. (I, 192)
Non.   62

62. Pétales d'un beau rose ; feuilles d'un vert gai.
R. bastardianus. — R. de Bastard. (I, 196)
Pétales d'un rose pâle ; feuilles d'un vert foncé.
R. controversus. — R. controversée. (I, 199)

63. Rameau canaliculé dans toute sa longueur, glabrescent, à aiguillons forts, ceux du haut et
quelques-uns de la panicule crochus ou en
hameçon ; calice un peu aculéolé. *R. hamosus.*
— R. en hameçon. (I, 190)
Non.   64

64. Panicule très hérissée de longs poils brillants,
munie de glandes rougeâtres ordinairement
peu abondantes, à longs aiguillons déclinés,
violacés à la base ; feuilles caulinaires veloutées, à tomentum épais en dessous. *R. vestitus.*
— R. vêtue. (I, 179)
Non.   65

65. Styles blonds ou d'un jaune terne , cireux ; feuilles hérissées, poilues en dessous ; pétales d'un rose clair. *R. discolor.* — R. discolore. (I, 194)

Styles ni blonds ni jaunes 66

66. Styles entièrement verdâtres 67

Styles roses ou violacés ou verdâtres au sommet, et roses ou violacés seulement à la base . . 71

67. Feuilles caulinaires à tomentum ras, non hérissées en dessous 68

Feuilles caulinaires à tomentum épais, mou, velutiné, hérissées en dessous 70

68 Etamines roses ou pourprées. *R. weihanus.* — R. de Weihe. (I, 200)

Etamines blanches ou rosulées à la base seulement 69

69. Feuilles d'un vert clair en dessus ; pétales d'un rose très pâle. *R. argentatus.* — R. argentée. (I, 195)

Feuilles d'un vert foncé ou noirâtre en dessus ; pétales roses. *R. anchostachys.* — R. à panicule serrée. (I, 198)

70. Pétales roses. *R. Schultzii.* — R. de Schultz. (I, 205)

Pétales à reflets rosés seulement. *R. ololeucos.* — R. à pétales blancs. (I, 201)

71. Foliole terminale des feuilles caulinaires à base large, arrondie ; rameau poilu, hérissé, à fo-

lioles se recouvrant par les bords. *R. propinquus.* — R. voisine. (I, 192)
Foliole terminale des feuilles caulinaires rétrécie
à la base, élargie au sommet. *R. rusticanus.*
— R. villageoise. (I, 197)

72. Carpelles glabres.   73
     Carpelles velus avant la maturité.   77

73. Feuilles mollement tomenteuses sur les deux
     faces.   74
     Non.   75

74. Folioles des feuilles caulinaires arrondies, non
     rétrécies à la base, la terminale largement
     ovale, en cœur à la base; panicule peu acu-
     léolée. *R. obtusifolius.* — R. à feuilles ob-
     tuses. (I, 210)
     Folioles rétrécies, entières ou très peu échan-
     crées à la base; panicule aculéolée. *R. tomen-
     tosus.* — R. tomenteuse. (I, 209)

75. Feuilles à tomentum ras, peu hérissées en
     dessous. *R. robustus.* — R. robuste. (I, 191)
     Feuilles plus ou moins hérissées, mollement
     feutrées, douces au toucher en dessous . .   76

76. Pétales d'un blanc jaunâtre; tige plus ou moins
     munie de glandes stipitées. *R. lloydianus.* —
     R. de Lloyd. (I, 207)
     Pétales d'un blanc pur; tige non glanduleuse.
     R. vendeanus. — R. vendéenne. (I, 202)

77. Calice plus ou moins aculéolé à la base ; tige
     peu robuste, poilue, marquée de linéoles rou-
     geâtres. *R. carpinifolius.* — R. à feuilles de
     Charme. (I, 182)
     Calice non aculéolé ; tige ordinairement robuste,
     glabre ou glabrescente, à poils épars . . .   78

78. Feuilles caulinaires à tomentum ras en dessous.
     R. robustus. — R. robuste. (I, 191)
     Feuilles caulinaires à tomentum épais, plus ou
     moins velutinées, douces au toucher en des-
     sous.   79

79. Tige anguleuse, à faces planes ; panicule petite,
     ovoïde, serrée, fournie. *R. ololeucos.* — R.
     blanche. (I, 201)
     Tige anguleuse, canaliculée ; panicule en pyra-
     mide étalée, rameuse, lâche, allongée. *R. al-
     bomicans.* — R. blanchâtre. (I, 203)

80. Carpelles en partie avortés. *R. giganteus.* —R.
     géante. (I, 193)
     Carpelles normaux   81

81. Calice très glanduleux   82
     Calice à glandes rares ou nulles   84

82. Styles roses. *R. Bloxami.* — R. de Bloxam.
     (I, 176)
     Styles blancs ou verdâtres et un peu rosulés à
     la base.   83

83. Calice blanc-tomenteux; foliole terminale des
feuilles caulinaires étroitement ovale. *R. discerptus.* — R. déchirée. (I, 175)
Calice verdâtre, couvert de glandes rouges; foliole terminale des feuilles caulinaires largement ovale. *R. mutabilis.* — R. inconstante.
(I, 171)

84. Styles saumonés ou rosés 41
Non. 85

85. Feuilles caulinaires hérissées de poils brillants,
velutinées, à tomentum épais, rude, gris ou
blanc en dessous. *R. vestitus.* — R. vêtue.
(I, 179)
Non. 86

86. Foliole terminale des feuilles caulinaires ovale,
étroite, allongée. *R. flexicaulis.* — R. à tige
courbée. (I, 188)
Foliole terminale des feuilles caulinaires largement ovale ou suborbiculaire 87

87. Carpelles hérissés avant la maturité 88
Carpelles glabrescents; pétales d'un rose très
pâle. *R. secophilus.* — R. des lieux clos. (I,
283)

88. Etamines blanches. *R. immitis.* — R. âpre. (I,
167)
Etamines roses. *R. erythrinus.* — R. à fleur
rouge. (I, 186)

93. PRUNUS [Prunier].

1. Fruit petit (6-12 millimètres). 2
   Fruit gros (15-25 millimètres). 6

2. Feuilles n'ayant pas deux centimètres de largeur. 3
   Feuilles ayant plus de deux centimètres de largeur. 5

3. Pédoncules glabres. 4
   Pédoncules pubescents. *P. densa*. — P. touffu.
   (I, 215)

4. Anthères jaunes. *P. virgata*. — P. effilé. (1,
   215)
   Anthères rouges. *P. Martrini*. — P. de Martrin.
   (I, 215)

5. Feuilles dentées en scie ; fruits très petits. *P.
   Desvauxii*. — P. de Desvaux. (I, 216)
   Feuilles crénelées-dentées ; fruit assez gros. *P.
   fruticans*. — P. frutescent (I, 216)

6. Fruits arrondis. *P. insititia*. — P. sauvage. (1,
   216)
   Fruits ovoïdes 7

7. Feuilles peu ou point rétrécies à la base. *P. syl-
   vatica*. — P. sylvatique. (I, 217)
   Feuilles sensiblement rétrécies à la base. *P.
   Pruna*. — P. Pruneau. (I, 217)

94. CERASUS [Cerisier].

1. Fleurs en grappe courte, corymbiforme; fruit noir. *C. Mahaleb.* — C. de Sainte-Lucie. (I, 219)
   Fleurs en fascicule ombelliforme 2

2. Pédoncules accompagnés de bractées foliacées; fruit acide, rouge. *C. caproniana.* — C. Griottier. (I, 218)
   Pédoncules accompagnés de bractées scarieuses; fruit amer, rouge ou noir. *C. avium.* — C. des oiseaux. (I, 218)

95. ROSA [Rosier].

1. Sépales brièvement appendiculés, peu ou point saillants sur le bouton 2
   Sépales appendiculés, très saillants sur le bouton.. 6

2. Pédoncule muni de soies glanduleuses . . . 3
   Pédoncule lisse. *R. arvensis.* — R. des champs. (I, 220)

3. Folioles pâles et glaucescentes en dessous. *R. repens.* — R. rampant. (I, 221)
   Folioles d'un vert luisant en dessous. . . . 4

4. Disque du fruit conique; folioles velues, en dessous, sur les nervures principales. *R. seperina.* — R. de la Sèvre. (I, 221)
   Disque convexe; folioles glabres en dessous. . 5

5. Styles plus ou moins hérissés; pétiole glabre.
   R. sempervirens. — R. toujours vert. (I, 219)
   Styles glabres; pétiole pubescent, un peu glan-
   duleux. *R. bibracteata.* — R. à deux bractées.
   (I, 220)

6. Styles agglutinés, plus ou moins saillants, glabres.   7
   Styles libres, peu saillants, glabres ou velus. . 12

7. Pédoncules hérissés de soies glanduleuses . . 8
   Pédoncules glabres ou munis de soies fines,
   non glanduleuses. 11

8. Fleurs d'un beau rose. *R. systyla.* — R. à styles
   soudés. (I, 222)
   Non. 9

9. Sépales peu développés, munis de quelques poils
   glanduleux. 4
   Sépales longuement appendiculés, jamais glanduleux en dehors. 10

10. Feuilles glabres ou à peu près; pétales blancs
    à onglet jaunâtre. *R. leucochroa.* — R. blanc-
    jaunâtre. (I, 223)
    Feuilles légèrement velues en dessus, couvertes
    en dessous d'une pubescence apprimée; fleurs
    blanches ou un peu rosées. *R. stylosa.* — R.
    à longs styles. (I, 224).

11. Fleurs petites d'un rose tendre. *R. parvula.* —
    R. à petites fleurs. (I, 223)
    Fleurs blanches; pétales à onglet jaunâtre. *R.
    chlorantha.* — R. jaunâtre. (I, 223)

12. Rameaux chargés de soies glanduleuses ou d'ai-
     guillons sétacés; styles laineux.   13
     Non   14

13. Fleurs d'un beau rouge velouté. *R provincialis.*
     — R. de Provins. (I, 225)
     Fleurs blanches, jaunâtres à l'onglet. *R. pimpi-*
     nellifolia. — R. à feuilles de Pimprenelle.
     (I, 225)

14. Folioles pourvues de glandes odorantes en des-
     sous, ou tomenteuses avec réceptacle hispide.   15
     Feuilles dépourvues de glandes en dessous, gla-
     bres ou peu velues; réceptacle non hispide
     quand les feuilles sont tomenteuses   .   .   .   20

15. Feuilles munies de glandes en dessous   .   .   .   16
     Feuilles tomenteuses, non glanduleuses en des-
     sous; réceptacle hispide   19

16. Pédoncules lisses   17
     Pédoncules hispides-glanduleux   18

17. Arbrisseau robuste; fruit ovoïde-oblong, rouge
     à la maturité. *R. sepium.* — R. des haies.
     (I, 230).
     Arbrisseau peu élevé; fruit ovoïde, noir à la
     maturité; fleurs 1-2 à la l'extrémité du pé-
     doncule. *R. agrestis.* — R. agreste. (I, 230)

18. Styles glabres. *R. permixta.* — R. confondu.
     (I, 231)
     Styles velus. *R. jundzilliana.* — R. de Jundzil.
     (I, 229)

19. Pétales ciliés; sépales persistants; styles hérissés. *R. mollissima*. — R. velouté. (I, 232)
Pétales non ciliés; sépales à la fin caducs; styles glabres. *R. subglobosa*. — R. à fruit subglobuleux. (I, 232)

20. Pédoncules hérissés 21
Pédoncules lisses 22

21. Folioles très glabres. *R. andegavensis*. — R. d'Anjou. (I, 227)
Folioles pubescentes en dessous. *R. collina*. — R. des collines. (I, 228)

22. Folioles très glabres. 23
Folioles plus ou moins velues en dessous. . . 25

23. Folioles simplement dentées. *R. canina*. — R. des chiens. (I, 226)
Folioles doublement dentées 24

24. Disque du fruit conique; folioles ordinairement pliées en gouttière. *R. squarrosa*. — R. rude. (I, 226)
Disque du fruit seulement un peu relevé au centre; folioles ordinairement planes. *R. dumalis*. — R. des halliers. (I, 227)

25. Folioles velues en dessous sur les nervures; fleurs roses. *R. urbica*. — R. de ville. (I, 228)
Folioles velues en dessous sur toute leur surface; fleurs roses ou blanches 26

26. Fleurs d'un rose clair ; feuilles grisâtres.
  R. *dumetorum*. — R. des buissons. (I, 228)
  Fleurs d'abord d'un blanc un peu jaune, puis
  blanches, à la fin quelquefois rosulées ;
  feuilles vertes ou jaunissantes. R. *obtusifolia*.
  — R. à feuilles obtuses. (Supp., 1)

96. AGRIMONIA [Aigremoine].

A. *Eupatoria*. — A. Eupatoire. (I, 233)

97. ALCHEMILLA [Alchemille].

A. *arvensis*. — A. des champs. (I, 234)

98. SANGUISORBA [Sanguisorbe].

S. *serotina*. — S. tardive. (I, 234)

99. POTERIUM [Pimprenelle].

1. Fruit à angles développés en bord épais, peu
  sinué ; folioles des feuilles inférieures en
  cœur à la base. 2
  Fruit à angles développés en crêtes minces,
  sinuées ; folioles des feuilles inférieures ovales arrondies, quelquefois à base un peu
  oblique. 3

2. Plante glabre ou peu velue ; bractées brusquement contractées en onglet. *P. dictyocarpum*.
  — P. réticulée. (I, 236)
  Plante velue surtout à la base ; bractées atténuées
  en onglet. *P. guestphalicum*. — P. de West-
  phalie. (I, 236)

3. Folioles des feuilles inférieures à base oblique ;
   bractées égalant le réceptacle, brusquement
   contractées en onglet ; fossettes du fruit profondes. *P. platylophum.* — P. à larges crêtes.
   (I, 236)

Folioles des feuilles inférieures à base peu
   oblique ; bractées dépassant le réceptacle,
   atténuées en onglet court ; fossettes du fruit
   peu profondes. *P. stenolophum.* — P. à crêtes
   étroites. (I, 235)

100. CRATÆGUS [Aubépine].

Fruit à deux noyaux ; sépales ovales-acuminées ;
   deux styles. *C. Oxyacantha.* — A. à deux
   styles. (I, 237)

Fruit à un seul noyau ; sépales lancéolés-acu-
   minés ; un seul style. *C. monogyna.* — A.
   à un seul style. (I, 237)

101. MESPILUS [Néflier].

M. germanica. — N. d'Allemagne. (I, 238)

102. SORBUS [Sorbier].

Feuilles ailées avec impaire. *S. domestica.* —
   S. Cormier. (I, 239)

Feuilles simples, lobées. *S. torminalis.* — S.
   Alisier. (I, 239)

103. PYRUS [Poirier].

1. Feuilles à la fin glabres ; fruit rétréci à la base.   2
   Feuilles toujours velues ; fruit globuleux. *P.
   Achras.* — P. sauvage. (I, 241)

2. Feuilles cordiformes, arrondies. *P. cordata.* —
   P. à feuilles en cœur. (I, 240)
   Feuilles ovales ou oblongues, pointues. *P. Pyras-*
   ter. — P. Poirasse. (I, 240)

104. MALUS [Pommier].

Divisions du calice glabres ou légèrement pubescentes en dehors, ainsi que le réceptacle.
M. acerba. — P. acide. (I, 241)
Divisions du calice tomenteuses en dehors. *M.*
communis. — P. commun. (I, 242)

105. LYTHRUM [Salicaire].

Fleurs en épi dense. *L. Salicaria.* — S. commune. (I, 243)
Fleurs axillaires, solitaires ou géminées. *L. hysso-*
pifolia. — S. à feuilles d'Hysope. (I, 243)

106. PEPLIS [Péplide].

P. Portula. — P. Pourpier. (I, 244)

107. OENOTHERA [Onagre].

OE. biennis. — O. bisannuelle. (I, 246)

108. EPILOBIUM [Epilobe].

1. Tige cylindrique.   2
   Tige munie de lignes saillantes.   6

2. Fleurs dressées avant la floraison.   3
   Fleurs penchées avant la floraison   4

3. Divisions du calice aiguës, mutiques ; feuilles
    non embrassantes. *E. parviflorum* — E. à
    petites fleurs. (I, 249)
    Dents du calice aristées ; feuilles amplexicaules,
    un peu décurrentes. *E. hirsutum*. — E. velu.
    (I, 250)

4. Feuilles moyennes sessiles , le plus souvent
    dépourvues de dents ; stolons filiformes. *E.
    palustre*. — E. des marais. (I, 247)
    Feuilles toutes pétiolées, dentées ; stolons nuls.   5

5. Feuilles atténuées à la base ; fleurs blanches
    avant leur épanouissement, puis rosées. *E.
    lanceolatum*. — E. lancéolé. (I. 249).
    Feuilles arrondies à la base ; fleurs toujours
    roses. *E. montanum*. — E. de montagne.
    (I, 248)

6. Feuilles moyennes sessiles, à limbe un peu
    décurrent ; tige munie de lignes saillantes
    naissant du limbe des feuilles. *E. tetragonum*.
    — E. tetragone. (I, 247)
    Feuilles non décurrentes et souvent un peu
    pétiolées ; tige munie de lignes saillantes
    naissant de la base du pétiole.   7

7. Une rosette de feuilles à la base des tiges. *E.
    Lamyi*. — E. de Lamy. (I, 247)
    Des stolons feuillés à la base des tiges. *E. obscu-
    rum*. — E obscur. (I, 248)

109. MYRIOPHYLLUM [Myriophylle].

1. Fleurs verticillées. 2
   Fleurs alternes. *M. alterniflorum*. — M. à fleurs
   alternes. (I, 251)

2. Feuilles florales toutes pectinées-pennatifides.
   M. verticillatum. — M. verticillé. (I, 250)
   Bractées des fleurs supérieures courtes, entières.
   M. spicatum. — M. en épi. (I, 250)

110. ISNARDIA [Isnarde].

I. palustris. — I. des marais. (I, 251)

111. CIRCÆA [Circée].

C. lutetiana: — C. parisienne. (I, 252)

112. HIPPURIS [Pesse].

H. vulgaris. — P. commune. (I, 253)

113. TRAPA [Macre].

T. natans. — M. flottante. (I, 253)

114. CALLITRICHE [Callitriche].

1. Feuilles toutes linéaires, étroites et submergées.
   C. truncata. — C. tronquée. (I, 255)
   Feuilles supérieures obovales , formant une
   rosette flottante. 2

2. Styles caducs. *C. vernalis*. — C. printanière.
   (I, 255)
   Styles persistants, très allongés. 3

3. Feuilles toutes obovales. *C. stagnalis.* — C. des étangs. (I, 255)

Feuilles inférieures, caulinaires et raméales linéaires. *C. platycarpa.* — C. à fruits larges. (I. 255)

115. ARISTOLOCHIA [Aristoloche].

Fleurs d'un jaune pâle, verdâtre ; racine longuement rampante. *A. Clematitis.* — A. Clématite. (I, 257)

Fleurs d'un pourpre noir ; racine napiforme. *A. longa.* — A. longue. (I, 257)

116. BRYONIA. [Bryone].

B. dioica. — B. dioïque. (I, 259)

117. ECBALLIUM [Ecballion].

E. Elaterium. — E. élastique. (I, 259)

118. SAXIFRAGA [Saxifrage].

Racine grumeuse; pétales grands, deux fois plus longs que le calice. *S. granulata.* — S. granulée. (I, 261)

Racine fibreuse ; pétales petits, une fois plus longs que le calice. *S. tridactylites.* — S. trilobée. (I, 261)

119. CHYSOSPLENIUM [Dorine].

C. oppositifolium. — D. à feuilles opposées. (I, 262)

120. CORNUS [Cornouiller].

Fleurs jaunes paraissant avant les feuilles; fruit
  rouge, oblong. *C. mas.* — C. mâle. (I, 263)
Fleurs blanches paraissant après les feuilles;
  fruit noir, globuleux. *C. sanguinea.* — C. sanguin. (I, 264)

121. ADOXA [Adoxe].

A. moschatellina. — A. Moschatelle. (I, 266)

122. SAMBUCUS [Sureau].

Tige herbacée. *S. Ebulus.* — S. Yèble. (I, 266)
Tige ligneuse. *S. nigra.* — S. noir. (I, 267)

123. VIBURNUM [Viorne].

Fleurs toutes semblables; rameaux tomenteux.
  V. Lantana. — V. cotonneuse. (I, 267)
Fleurs de la circonférence du corymbe très
  grandes, stériles, rayonnantes; rameaux glabres. *V. Opulus.* — V. Obier. (I, 268)

124. LONICERA [Chèvrefeuille].

Fleurs verticillées, en tête longuement pédonculée; tige sarmenteuse. *L. Periclymenum.*
  — C. des bois. (I, 268)
Fleurs géminées sur des pédoncules axillaires;
  arbrisseau dressé. *L. Xylosteum.* — L. des
  buissons. (I, 268)

125. SHERARDIA [Shérarde].

S. arvensis. — S. des champs. (I, 271)

126. ASPERULA [Aspérule].

1. Fleurs bleues. *A. arvensis.* — A. des champs. (I, 272)
   Fleurs blanches ou rosées   2

2. Feuilles obovales ou lancéolées ; fruits hérissés. *A. odorata.* — A. odorante. (I, 271)
   Feuilles linéaires ; fruits glabres   3

3. Feuilles glauques, verticillées par six-huit. *A. galioides.* — A. faux Gaillet. (I, 272)
   Feuilles vertes, verticillées par quatre-six. *A. Cynanchica.* — A. à l'esquinancie. (I, 272)

127. CRUCIANELLA [Crucianelle].

C. angustifolia. — C. à feuilles étroites. (I, 273)

128. RUBIA [Garance].

Stigmate en tête ; réseau des nervures paraissant à peine sous les feuilles ; anthères suborbiculaires. *R. peregrina.* — G. voyageuse. (I, 273)

Stigmate en massue ; réseau des nervures faisant saillie à la surface inférieure des feuilles ; anthères linéaires-oblongues. *R. tinctorum.* — G. des teinturiers. (I, 274)

129. GALIUM [Gaillet].

1. Feuilles ovales ou lancéolées, à trois nervures, verticillées par quatre   2
   Feuilles linéaires ou lancéolées, à une nervure quelquefois peu apparente   3

2. Fleurs blanches. *G. boreale*. — G. boréal. (I,
275)

   Fleurs jaunes. *G. Cruciata*. — G. Croisette. (I,
374)

3. Fleurs jaunes. *G. verum*. — G. jaune. (I, 275)

   Fleurs blanches   4

4. Fleurs axillaires   5

   Fleurs en panicule   6

5. Pédoncules bi-quinquéflores recourbés après la
   floraison, cachés par les feuilles. *G. tricorne*.
   — G. à trois cornes. (I, 280)

   Pédoncules droits, plus longs que les feuilles.
   G. Aparine. — G. Gratteron. (I, 279)

6. Tiges glabres ou pubescentes, sans aiguillons
   crochus   7

   Tiges bordées d'aspérités ou de petits aiguillons
   crochus. 14

7. Feuilles verticillées, toutes ou la plupart, par
   quatre, quelquefois, mais rarement, par six ;
   plantes des lieux fangeux   8

   Feuilles verticillées par six-douze. 10

8. Pédoncules fructifères très divergents . . .   9

   Pédoncules fructifères rapprochés, non divergents. *G. constrictum*. — G. resserré. (I,
   278)

9. Plante grêle ; panicule peu fournie, à rameaux
étalés et déjetés ; pédicelles fructifères divariqués. *G. palustre.* — G. des marais. (I,
277)

Plante robuste ; panicule vaste, fournie, à rameaux peu étalés, jamais déjetés ; pédicelles
fructifères étalés à angle droit. *G. elongatum.*
— G. allongé. (I, 278)

10. Fruits tuberculeux ; fleurs en petites panicules
corymbiformes, serrées. *G. saxatile.* — G. des
rochers. (I, 277)

Fruits lisses ou un peu chagrinés ; fleurs en corymbe lâche 11

11. Tige atteignant au plus trois-quatre décim. ;
lobes de la corolle seulement aigus . . . 12

Tige souvent très élevée ; lobes de la corolle
terminés par un filet aigu 13

12. Feuilles bordées de petits aiguillons, à nervure
saillante. *G. sylvestre.* — G. des forêts. (I,
276)

Feuilles lisses sur les bords, à nervure non
saillante. *G. læve.* — G. lisse. (I, 277)

13. Feuilles un peu veinées, toutes larges, courtes,
obovales ; fleurs d'un blanc sale. *G. elatum*
— G. élevé. (I, 276)

Feuilles non veinées-réticulées, rétrécies à la
base ; fleurs blanches. *G. album.* — G. blanc.
(I, 276)

14. Fleurs d'un beau blanc; plantes vivaces des
      lieux fangeux.   15
    Fleurs d'un blanc sale ou verdâtre; plantes
      annuelles des lieux secs.   16

15. Fruits tuberculeux; plante très scabre. *G. uligi-
      nosum.* — G. des fanges. (I, 278)
    Fruits lisses; plantes peu scabres. . . .   8

16. Rameaux de la panicule longs et presque ca-
      pillaires; feuilles veinées, à une nervure dor-
      sale faible. *G. tenuicaule.* — G. à tige menue.
      (I, 270)
    Rameaux courts et non capillaires; feuilles non
      veinées, à une nervure dorsale assez forte.
      G. ruricolum. — G. des champs. (I, 279)

130. HEDERA [Lierre].

H. Helix. — L. grimpant. (I, 281)

131. ERYNGIUM [Panicaut].

E. campestre. — P. champêtre. (I, 284)

132. SANICULA [Sanicle].

S. Europæa. — S. d'Europe. (I, 284)

133. ANGELICA [Angélique].

A. sylvestris. — A. sauvage. (285)

134. ANETHUM [Aneth].

A. graveolens. — A. odorant. (I, 286)

135. PEUCEDANUM [Peucédane].

1. Fleurs jaunes ou jaunâtres. *P. alsaticum.* — P.
   d'Alsace. (I, 288)
   Fleurs blanches ou rosées   2

2. Tige sillonnée. *P. palustre.* — P. des marais.
   (I, 288)
   Tige seulement striée   3

3. Involucre nul ou à un petit nombre de folioles.
   P. gallicum. — P. de France. (I, 286)
   Involucre à beaucoup de folioles   4

4. Feuilles vertes ; pétiole genouillé-divariqué à
   chacune de ses articulations. *P. Oreoselinum.*
   — P. Sélin de montagne. (I, 287)
   Feuilles glauques en dessous; pétiole droit. *P.
   Cervaria.* — P. des cerfs. (I, 287)

136. PASTINACA [Panais].

P. pratensis. — P. des prés. (I, 289)

137. HERACLEUM [Berce].

Lobules des feuilles ovales, arrondis, presque
obtus. *H. occidentale.* — B. de l'ouest. (I, 290)
Lobules des feuilles lancéolés, aigus. *H. æsti-
vum.* — B. d'été. (I, 290)

138. TORDYLIUM [Tordylier].

T. maximum. — T. élevé. (I, 291)

139. SCANDIX [Scandix].

S. Pecten-Veneris. — S. Peigne de Vénus. (I, 292)

140. ANTHRISCUS [Anthrisque].

Fruit aiguillonné. *A. vulgaris.* — A. commun.
(I, 293)
Fruit non aiguillonné, lisse. *A. sylvestris.* —
A. sauvage. (I, 293)

141. CHOEROPHYLLUM [Cerfeuil].

C. temulum. — C. penché. (I, 294)

142. BUPLEURUM [Buplèvre].

1. Feuilles perfoliées. 2
   Feuilles non perfoliées 3

2. Fruit lisse ; involucelles relevés-connivents à la
   maturité. *B. rotundifolium.* — B. à feuilles
   rondes. (I, 295)
   Fruit ridé-tuberculeux ; involucelles toujours
   étalés. *B. protractum.* — B. allongé. (I, 295)

3. Involucelle à folioles elliptiques ou ovales-lancéolées, dressées, aristées, dépassant beaucoup les fleurs. *B. aristatum.* — B. aristé.
   (I, 297)
   Involucelle étalé. 4

4. Ombelles composées de trois-cinq fleurs. . . 5
   Ombelles composées de plus de six fleurs d'un
   beau jaune. *B. falcatum.* — B. à feuilles en
   faux. (I, 296)

5. Fruits grenus-tuberculeux. *B. tenuissimum*. — B. grêle. (I, 295)
Fruits lisses. *B. jacquinianum*. — B. de Jacquin. (I, 296)

143. SIUM [Berle].

S. latifolium. — B. à larges feuilles. (I, 297)

144. BERULA [Bérule].

B. angustifolia. — B. à feuilles étroites. (I, 298)

145. PIMPINELLA [Boucage].

Styles plus longs que l'ovaire; tige feuillée, anguleuse-sillonnée. *P. magna*. — B. élevé. (I, 299)
Styles plus courts que l'ovaire; tige finement striée, nue dans les trois quarts supérieurs. *P. Saxifraga*. — B. Saxifrage. (I, 299)

146. CONOPODIUM [Conopode].

C. denudatum. — C. sans involucre. (I, 300)

147. CARUM [Carvi].

C. verticillatum. — C. verticillé. (I, 301)

148. ÆGOPODIUM [Egopode].

Æ. Podagraria. — E. des goutteux. (I, 301)

149. AMMI [Ammi].

A. majus. — A. majeur. (I, 302)

150. SISON [Sison].

S. Amomum. — S. Amome. (I, 303)

151. FALCARIA [Faucillère].

F. Rivini. — F. de Rivin. (I, 304)

152. HELOSCIADIUM [Hélosciadie].

1. Ombelles portées sur des pédoncules plus courts
   que les rayons. *H. nodiflorum.* -- H. à ombelles sessiles. (I, 304)
   Ombelles portées sur des pédoncules plus longs
   que les rayons. 2

2. Involucre à deux-cinq folioles persistantes, *H.
   repens.* — H. rampante. (I, 305)
   Involucre nul. *H. inundatum.* — H. inondée.
   (I, 305)

153. TRINIA [Trinie].

T. vulgaris. — T. commune. (I, 306)

154. PETROSELINUM [Persil].

P. segetum. — P. des moissons. (I, 306)

155. — APIUM [Ache].

A. graveolens. — A. odorante. (I, 307)

156. SMYRNIUM [Maceron].

S. Olus-atrum. — M. commun. (I, 308)

157. CONIUM [Ciguë].

C. maculatum. — C. tachée. (I, **308**)

158. HYDROCOTYLE [Hydrocotyle].

H. vulgaris. — H. commun. (I, 309)

159. SILAUS [Silaus].

S. pratensis. — S. des prés. (I, 310)

160. SESELI [Séséli].

Segments des feuilles munis, en dessous, d'une
 nervure saillante. *S. vulgatum.* — S. commun. (I, 311)
Nervure des feuilles nulle ou presque nulle.
 S. glaucescens. — S. glaucescent. (I, 311)

161. LIBANOTIS [Libanotis].

L. montana. — L. de montagne. (I, 312)

162. FOENICULUM [Fenouil].

F. officinale. — F. officinal. (I, 313)

163. ÆTHUSA [Ethuse].

Æ. Cynapium. — E. Ache des chiens. (I, 313)

164. OENANTHE [OEnanthe].

1. Ombelles opposées aux feuilles. *OE. Phellan-
 drium.* — OE. Phellandre. (I, 316)
Ombelles terminales. 2

2. Ombellules fructifères globuleuses; souche munie de stolons épigés. *OE. fistulosa.* — OE.
   fistuleuse. (I, 316))
   Ombellules fructifères non globuleuses; stolons
   nuls.   3

3. Lobes des feuilles supérieures linéaires, entiers.   4
   Lobes des feuilles supérieures cunéiformes-
   incisés; ombelles très amples. *OE. crocata.*—
   OE. safranée. (I, 314)

4. Pétales extérieurs rayonnants, moitié plus
   grands que les autres; racines fusiformes ou
   en massue, terminées par une fibre. *OE. peu-
   cedanifolia.* — OE. à feuilles de Peucédane.
   (I, 315)
   Pétales extérieurs n'étant pas moitié plus
   grands que les autres.   5

5. Ombelles fructifères contractées, planes en
   dessus; racines renflées vers leur extrémité
   en tubercule globuleux. *OE. pimpinelloides.*—
   OE. Boucage. (I, 314)
   Ombelles fructifères hémisphériques, convexes
   en dessus; racines filiformes ou un peu renflées en fuseau. *OE. Lachenalii.* — OE. de
   Lachenal. (I, 315)

165. LASERPITIUM [Laser].

L. latifolium. — L. à feuilles larges. (I, 317).

166. DAUCUS [Carotte].

D. Carota. — C. commune. (I, 318)

167. ORLAYA [Orlaye].

O. grandiflora. — O. à grandes fleurs. (I, 319)

168. TURGENIA [Turgénie].

T. latifolia. — T. à larges feuilles. (I, **320**)

169. CAUCALIS [Caucalide].

C. daucoides. — C. fausse Carotte. (I, 321)

170. TORILIS [Torilis].

1. Ombelle sessile ou brièvement pédonculée, opposée aux feuilles. *T. nodosa.* — T. noueuse. (I, 323)
Ombelles terminales.   2

2. Un seul des méricarpes aiguillonné ; fleurs penchées avant la floraison. *T. heterophylla.* — T. à deux formes de feuilles. (I, 323)
Les deux méricarpes aiguillonnés ; fleurs toujours dressées.   3

3. Involucre à cinq folioles ; fleurs de la circonférence presque régulières. *T. Anthriscus.* — T. Anthrisque. (I, 322)
Involucre nul ou à moins de cinq folioles ; fleurs de la circonférence plus grandes, très irrégulières. *T. helvetica.* — T. de Suisse. (I, 322)

171. BIFORA [Bifore].

B. testiculata. — B à deux bosses. (I, 324)

172. RHAMNUS [Nerprun].

1. Feuilles denticulées.   2
   Feuilles non denticulées. *R. Frangula.* — N.
   Bourdaine. (I, 327).

2. Feuilles opposées sur les jeunes rameaux, caduques. *R. catharticus.* — N. purgatif. (I, 326)
   Feuilles alternes, coriaces, persistantes. *R. Ala-*
   ternus. — N. Alaterne. (I, 326).

173. EVONYMUS [Fusain].

E. europæus. — F. d'Europe. (I, 328)

174. BUXUS [Buis].

B. sempervirens. — B. toujours vert. (I, 330)

175. ILEX [Houx].

I. aquifolium. — H. commun. (I, 331)

176. VITIS [Vigne].

V. vinifera. — V. vinifère. (I, 332)

177. ACER [Érable].

1. Feuilles à trois lobes entiers. *A. monspessula-*
   num. — E. de Montpellier. (I, 334)
   Feuilles à plus de trois lobes.   2

2. Fleurs en grappes courtes, dressées, sessiles;
   ailes du fruit étalées horizontalement. *A. cam-*
   pestre. — E. champêtre. (I, 334)
   Fleurs en grappes pédonculées, pendantes; ailes
   du fruit étalées-dressées. *A. pseudo-Platanus.*
   — E. faux Platane. (I, 333).

178. POLYGALA [Polygale].

1. Plusieurs feuilles opposées ; tige à rameaux supérieurs dépassant souvent la grappe terminale qui parait alors latérale ; plante couchée. *P. depressa*. — P. couché. (I, 337).
Grappes mûres jamais latérales. 2

2. Feuilles caulinaires lancéolées-aiguës ; grappes lâches. *P. vulgaris*. — P. commun. (I, 336)
Feuilles toutes ovales-obtuses ; grappes souvent fournies. *P. calcarea*. — P. du calcaire. (I, 336)

179. GERANIUM [Géranion].

1. Calice étalé pendant l'anthèse ; onglet des pétales beaucoup plus court que le limbe. . . 2
Calice appliqué, resserré au sommet ; onglet des pétales aussi long que le limbe. 7

2. Pédoncules uniflores ; fleur très grande. *G. sanguineum*. — G. sanguin. (I, 339)
Pédoncules biflores. 3

3. Pétales entiers, glabres au-dessus de l'onglet. *G. rotundifolium*. — G. à feuilles rondes. (I, 341)
Pétales bifides ou échancrés, ciliés au-dessus de l'onglet. 4

4. Feuilles fendues, presque jusqu'à la base, en lobes nombreux et étroits. 5
Divisions des feuilles élargies, non prolongées jusqu'à la base. 6

5. Pédoncules dépassant beaucoup les feuilles. *G. columbinum*. — G. colombin. (I, 339)
   Pédoncules plus courts que les feuilles. *G. dissectum*. — G. découpé. (I, 340)

6. Filets des étamines glabres. *G. molle*. — G. mollet. (I, 341)
   Filets des étamines finement ciliés. *G. pusillum*. — G. fluet. (I, 340)

7. Feuilles plusieurs fois ailées. 8
   Feuilles orbiculaires, à lobes cunéiformes, crénelés, très luisantes. *G. lucidum*. — G. luisant. (I, 342)

8. Pétales dépassant peu le calice. 9
   Pétales une fois plus longs que le calice. *G. robertianum*. — G. herbe à Robert. (I, 342)

9. Feuilles d'un vert gai; pédoncules inférieurs plus courts que les feuilles. *G. modestum*. — G. modeste. (I, 343)
   Feuilles d'un vert sombre; pédoncules inférieurs dépassant les feuilles. *G. minutiflorum*. — G. à fleurs menues. (I, 344)

180. ERODIUM [Erodion].

1. Filets des étamines fertiles bidentés à la base. *E. moschatum*. — E. musqué. (I, 346)
   Non. 2

2. Deux pétales munis à la base d'une tache arrondie, noirâtre; stigmates d'un pourpre violet foncé. *E. prætermissum*. — E. oublié. (I, 345)
   Non 3

3. Feuilles poilues-grisâtres, à folioles découpées jusqu'à la côte. *E. sabulicolum.* — E. des sables. (I, 346)

Feuilles vertes, à folioles incisées-dentées. *E. triviale.* — E. commun. (I, 344)

181. OXALIS [Oxalide].

1. Fleurs blanches ou rosées. *O. Acetosella.* — O. Oseille. (I, 348)

Fleurs jaunes. 2

2. Tiges dressées; plante glabre. *O. stricta.* — O. dressée. (I, 348).

Tiges couchées, radicantes; plante velue. *O. corniculata.* — O. cornue. (Supp. 2)

182. LINUM [Lin].

1. Quatre sépales; quatre pétales. *L. Radiola.* — L. Radiole. (I, 349)

Cinq sépales; cinq pétales. 2

2. Fleurs jaunes 3

Fleurs bleues, roses ou blanches 5

3. Fleurs espacées le long de rameaux glabres. *L. gallicum.* — L. de France. (I, 350)

Fleurs rapprochées au sommet de rameaux pubescents à leur côté interne. 4

4. Fleurs en panicule corymbiforme, lâche. *L. corymbulosum.* — L. corymbuleux. (I, 350)

Fleurs en corymbe compacte. *L. strictum.* — L. raide. (1, 351)

5. Fleurs roses; feuilles linéaires, éparses. *L. te-
   nuifolium.* — L. à feuilles menues. (I, 352)
   Fleurs blanches; feuilles ovales-lancéolées, opposées. *L. catharticum.* — L. purgatif. (I, 352)
   Fleurs bleues.   6

6. Capsule dépassant à peine les sépales. *L. angus-
   tifolium.* — L. à feuilles étroites. (351)
   Capsule une fois plus longue que les sépales. *L.
   Loreyi.* — L. de Lorey. (I, 351)

183. GYPSOPHILA [Gypsophile].

G. muralis. — G. des murs. (I, 354)

184. DIANTHUS [Œillet].

1. Pétales à limbe dressé, dépassant à peine le calice; fleurs sessiles en faisceau serré. *D. pro-
   lifer.* — Œ. prolifère. (I, 355)
   Pétales à limbe étalé, dépassant beaucoup le calice   2

2. Fleurs agrégées au sommet de la tige et des ra-
   meaux   3
   Fleurs grandes, solitaires, très odorantes. *D.
   Caryophyllus.* — Œ. Giroflée. (I, 356)

3. Plante glabre. *D. carthusianorum.* — Œ. des
   Chartreux. (I, 355)
   Plante velue. *D. Armeria.* — Œ. Armeria. (I,
   355)

185. SAPONARIA [Saponaire].

Calice cylindrique. *S. officinalis.* — S. officinale. (I, 357)

Calice ovoïde-anguleux. *S. vaccaria* — S. des vaches (I, 357)

186. CUCUBALUS [Cucubale].

C. baccifer. — C. à baie. (I, 358)

187. SILENE [Silène].

1. Calice glabre ou glabrescent 2
   Calice velu ou pubescent 6

2. Calice vésiculeux, très renflé, veiné en réseau. 3
   Calice non vésiculeux, ni veiné en réseau . . 5

3. Pétales munis à la base de deux écailles acuminées ; bractées herbacées. *S. maritima.* — S. maritime. (I, 359)
   Limbe des pétales muni à la base de deux petites bosses ; bractées scarieuses 4

4. Plante à villosité courte et crépue. *S. puberula.* — S. pubérulent. (I, 358)
   Plante glabre ou à peu près. *S. brachiata.* — S. branchu. (I, 359)

5. Fleurs d'un vert jaunâtre, fasciculées et formant une panicule étroite ; plante dioïque ou polygame. *S. Otites.* — S. à petites fleurs. (I, 360)
   Fleurs rouges, longuement pédonculées ; plante hermaphrodite. *S annulata.* — S. à anneau. (I, 360)

6. Fleurs penchées, en panicule lâche. *S. nutans.*
   — S. penché. (I, 361)
Fleurs dressées, solitaires, axillaires, en grappes
   terminales. *S. gallica.* — S. de France. (I,
   361)

188. LYCHNIS [Lychnide].

4. Pétales roses, laciniés; fleurs hermaphrodites.
   L. Flos-cuculli. — L. fleur du coucou. (I, 362).
Pétales seulement bifides; fleurs ordinairement
   dioïques 2

2. Fleurs blanches; plante velue-glanduleuse. *L.
   vespertina.* — L. du soir. (I, 362)
Fleurs rouges; plante non glanduleuse. *L. diur-
   na.* — L. du jour. (I, 363)

189. AGROSTEMMA [Nielle].

A. Githago. — N. des blés. (I, 363)

190. BUFFONIA [Buffonie].

B. macrosperma. — B. à grosses graines. (I,
   364)

191. SAGINA [Sagine].

1. Fleurs à cinq divisions. 2
Fleurs à quatre divisions 3

2. Pétales ne dépassant pas le calice. *S. subulata.*
   — S. subulée. (I, 366)
Pétales deux fois plus longs que le calice. *S.
   nodosa.* — S. noueuse. (I, 366)

3. Sépales appliqués sur le fruit et un peu plus
courts que lui. *S. patula*. — S. étalée. (I,
365)
Sépales ouverts en croix à la maturité . . .   4

4. Tiges couchées-radicantes. *S. procumbens*. —
S. couchée. (I, 365)
Tiges jamais radicantes. *S. apetala*. — S. sans
pétales. (I, 365)

192. SPERGULA [Spargoute].

1. Feuilles munies d'un sillon en dessous; graines
subglobuleuses   2
Feuilles dépourvues de sillon en dessous;
graines comprimées   3

2. Graines à bord étroit, chargées de papilles
brunes. *S. vulgaris*. — S. commune. (I, 367)
Graines à bord membraneux, égalant environ le
quart de la graine, dépourvues de papilles. *S.
linicola*. — S. du lin. (I, 367)

3. Graines à aile membraneuse, blanche-argentée,
aussi large que la graine. *S. pentandra*. — S.
à cinq étamines. (I, 368)
Graines à aile fauve-blanchâtre, un peu moins
large que la graine. *S. Morisonii*. — S. de
Morison. (I, 368)

193. SPERGULARIA [Spergulaire].

Rameaux fleuris feuillés; sépales dépourvus de
nervure dorsale verte. *S. rubra*. — S. rouge.
(I, 369)

Rameaux fleuris non feuillés; sépales munis
d'une nervure dorsale verte, saillante. *S. segetalis.* — S. des moissons. (I, 369)

194. ALSINE [Alsine].

1. Plante tout-à-fait glabre. *A. tenuifolia.* — A. à
   feuilles menues. (I, 370)
   Plante velue-glanduleuse dans le haut .   .   .   2

2. Des poils glanduleux sur le calice seulement;
   pétales de moitié plus courts que le calice.
   A. laxa. — A. lâche. (I, 370)
   Des poils glanduleux sur le calice et sur les rameaux; pétales égalant presque le calice. *A.
   hybrida.* — A. hybride. (I, 371)

195. ARENARIA [Sabline].

1. Pétales dépassant le calice.   2
   Pétales plus courts que le calice   3

2. Pédoncules rameux, en panicule. *A. controversa.*
   — S. controversée. (I, 371)
   Pédoncules uniflores, axillaires. *A. montana.* —
   S. de montagne. (I, 372)

3. Capsule subglobuleuse, brusquement contractée
   au sommet. *A. serpyllifolia.* — S. à feuilles
   de Serpolet. (I, 372)
   Capsule ovoïde, presque insensiblement atténuée. *A. leptoclados.* — S. à rameaux grêles.
   (I, 372)

196. MOERHINGIA [Mœrhingie]. ·

M. trinervia. — M. à trois nervures. (I, 373)

197. HOLOSTEUM [Holostée].

H. umbellatum. — H. en ombelle. (I, 374)

198. STELLARIA. [Stellaire].

1. Fleurs dépourvues de pétales. *S. borxana*. — S. de Boreau. (I, 375)
Fleurs munies de pétales 2

2. Feuilles inférieures pétiolées 3
Feuilles toutes sessiles 4

3. Cinq étamines. *S. media.* — S. moyenne. (1, 375)
Dix étamines *S. neglecta.* — S négligée. (I, 374)

4. Pétales une fois plus longs que le calice. *S. Holostea.* — S. Holostée. (I, 376)
Non 5

5. Bractées ciliées aux bords. *S. graminea.* — S. graminée. (I, 376)
Bractées scarieuses aux bords, glabres. *S. uliginosa.* — S. des fanges. (I, 377)

199. CERASTIUM [Céraiste].

1. Fleurs à quatre divisions; plante glauque. *C. quaternellum.* — C. quaternaire. (I, 377)
Plante à divisions quinaires 2

2. Pétales à limbe étalé, deux-trois fois plus longs
   que le calice. *C. arvense.* — C. des champs.
   (I, 380)
   Pétales n'étant pas deux fois plus longs que le
   calice, ou nuls.   3

4. Plante munie de rejets radicants, stériles ; ra-
   cine pérennante. *C. triviale.* — C. commun.
   (I, 378)
   Points de rejets stériles ; plante annuelle. . .   4

4. Sépales munis de longs poils roux, soyeux, éta-
   lés. *C. brachypetalum.* — C. à courts pétales.
   (I, 378)
   Non   5

5. Bractées largement scarieuses dans leur moitié
   supérieure, denticulées. *C. semidecandrum.*
   — C. à cinq étamines. (I, 379)
   Bractées herbacées ou à peine scarieuses sur les
   bords   6

6. Pédicelles une-deux fois plus longs que le ca-
   lice. *C. obscurum.* — C. obscur. (I, 379)
   Pédicelles plus courts que le calice ou l'égalant.
   C. glomeratum. — C. congloméré. (I, 378)

200. MALACHIUM [Malachie].

M. aquaticum. — M. aquatique. (I, 380)

200 *bis.* POLYCARPON [Polycarpe].

P. tetraphyllum. — P. à quatre feuilles. (I, 381)

201. CORRIGIOLA [Corrigiole]..

C. littoralis. — C. des rivages. (I, 382)

202. HERNIARIA [Turquette].

Calice glabre ; feuilles très glabres ou ciliées à
la base. *H. glabra.* — T. glabre (I, 383).
Plante couverte de poils ; feuilles bordées de
longs cils ; divisions du calice terminées par
une soie. *H. hirsuta.* — T. hérissée. (I, 383)

203. ILLECEBRUM [Illecèbre].

I. verticillatum. — I. verticillé. (I. 384)

204. (voir 200 *bis*).

205. SCLERANTHUS [Gnavelle].

1. Lobes du périanthe largement blancs-membra-
neux, connivents après la floraison. *S. perennis.* — G. vivace. (I, 385)
Lobes du périanthe non connivents après la floraison, quelquefois dressés ; plantes annuelles.   2

2. Lobes du périanthe ouverts après la floraison ;
tige de un à deux décimètres. *S. annuus.* —
G. annuelle. (I, 384)
Divisions en périanthe dressées, tubuleuses après
la floraison ; tige de un à dix centimètres.   .   3

3. Deux étamines fertiles. *S. verticillatus.* — G.
verticillée. (I, 385)
Plus de deux étamines fertiles. *S. biennis.* —
G. bisannuelle. (I, 385)

206. PORTULACA [Pourpier].

P. oleracea. — P. potager. (I, 387)

207. MONTIA [Montie].

Graines scabres-tuberculeuses ; feuilles inférieures atténuées en pétiole ; plante de deux
à dix centim. *M. minor*. — M. naine. (1, 387)
Graines finement granulées-ponctuées ; toutes les
feuilles pétiolées ; plante de dix à vingt centim.
M. rivularis. — M. des ruisseaux. (I, 388)

208. ELATINE [Elatine].

1. Feuilles verticillées, sessiles. *E. Alsinastrum*.
— E. fausse Alsine. (I, 389)
Feuilles opposées.   2

2. Fleurs à trois divisions. *E. hexandra*. — E. à
six étamines. (I, 389)
Fleurs à quatre divisions. *E. major*. — E. majeure. (I, 390)

209. MERCURIALIS [Mercuriale].

Plante glabre. M. *annua*. — M. annuelle.
(I, 392)
Plante pubescente-rude. *M. perennis*. — M.
vivace. (I, 392)

210. EUPHORBIA [Euphorbe].

1. Glandes du calice arrondies ou ovales. . . .   2
Glandes du calice en croissant.   12

2. Racine grêle, rampante, munie çà et là de
   nodosités   3
   Non . . . . • .   4

3. Glandes rouges à la floraison ; tige arrondie.
   E. dulcis. — E. douce. (I, 394)
   Glandes jaunes ; tige anguleuse dans le haut.
   E. angulata. — E. anguleuse. (I, 395)

4. Feuilles finement dentées en scie, au moins au
   sommet.   5
   Feuilles entières.   10

5. Capsule lisse.   6
   Capsule couverte de tubercules plus ou moins
   saillants   7

6. Feuilles glabres ou peu velues. *E. helioscopia.*
   — E. réveille-matin. (I. 393)
   Feuilles velues sur les deux faces. *E. pilosa.* —
   E. poilue. (I, 397)

7. Plantes annuelles ou bisannuelles ; racine pivo-
   tante.   8
   Plantes vivaces à souche épaisse.   9

8. Capsule globuleuse, à coques séparées par des
   sillons superficiels et à tubercules hémisphériques. *E. platyphyllos.* — E. à larges feuilles.
   (I, 393)
   Capsule trigone, à coques séparées par des sillons
   profonds et à tubercules cylindriques: *E.
   stricta.* — E. raide. (I, 394)

9. Capsule glabre, couverte de tubercules cylin-
   driques. *E. verrucosa.* — E. verruqueuse.
   (I, 395)
   Capsule parsemée de quelques poils longs et
   caducs, un peu tuberculeuse. *E. pilosa.* —
   E. poilue. (I, 397)

10. Capsule chargée de papilles très fines. *E. gerar-
    diana.* — E. de Gérard. (I, 397)
    Capsule verruqueuse.   11

11. Tubercules cylindriques ; tige portant rarement
    des rameaux florifères sous l'ombelle. *E.
    hyberna.* — E. d'Irlande. (I, 396)
    Tubercules arrondis; tige de 8-10 décim., portant
    de nombreux rameaux florifères au-dessous
    de l'ombelle. *E. palustris.* — E. des marais.
    (I, 396)

12. Bractées jaunâtres, semi-orbiculaires, soudées
    par paires à la base dans la moitié de leur
    étendue ; feuilles ordinairement velues et
    très rapprochées au milieu de la tige. *E.
    amygdaloides.* — E. à feuilles d'Amandier.
    (I, 400)
    Bractées non soudées, ou feuilles n'étant pas
    très rapprochées au milieu de la tige. . . .   13

13. Feuilles oblongues-lancéolées, sessiles et oppo-
    sées en croix, les supérieures cordiformes,
    lancéolées. *E. Lathyris.* — E. Epurge.
    (I, 400)
    Feuilles non opposées.   14

14. Feuilles linéaires, très étroites   15
     Feuilles élargies.   16

15. Ombelles à rayons nombreux ; plante vivace.
     · *E. Cyparissias*. — E. Cyprès. (I, 398)
     Ombelles à cinq rayons au plus ; plante annuelle.
     E. exigua. — E. fluette. (I, 399)

16. Ombelles ayant au moins sept-huit rayons bifur-
     qués. *E. mosana*. — E. de la Meuse. (I, 398)
     Ombelles n'ayant pas plus de cinq rayons plu-
     sieurs fois bifurqués.   17

17. Feuilles aiguës ou mucronées, atténuées à la
     base. *E. falcata*. — E. à feuilles en faux.
     (I, 399)
     Feuilles obtuses, toutes pétiolées. *E. Peplus*. —
     E. Peplus. (I, 400)

211. — MALVA [Mauve].

1. Pédoncules solitaires, axillaires.   2
    Pédoncules fasciculés à l'aisselle des feuilles. .   3

2. Calicule à folioles ovales-aiguës. *M. Alcea*. —
    M. Alcée. (1, 402)
    Calicule à folioles linéaires, atténuées aux deux
    bouts. *M. moschata*. — M. musquée. (1, 403)

3. Pétales purpurins, veinés, deux-trois fois plus
    longs que le calice. *M. sylvestris*. — M. sau-
    vage. (I, 403)
    Pétales d'un blanc rosé, une-deux fois plus
    longs que le calice.   4

4. Calicule à folioles linéaires aiguës. *M. rotundi-folia.* — M. à feuilles rondes. (I, 404)
   Calicule à folioles ovales. *M. nicæensis.* — M. de Nice. (I, 403)

212. ALTHÆA [Guimauve].

1. Plante mollement tomenteuse ; pédoncules plus courts que les feuilles. *A. officinalis.* — G. officinale. (I, 405)
   Plante rude ; pédoncules plus longs que les feuilles.   2

2. Pétales une fois plus longs que le calice. *A. cannabina.* — G. à feuilles de Chanvre. (I, 405)
   Pétales à peine plus longs que le calice. *A. hirsuta.* — G. hérissée. (I, 406)

213. TILIA [Tilleul].

T. sylvestris. — T. sauvage. (I, 407)

214. HYPERICUM [Millepertuis].

1. Tiges couchées, quelquefois redressées. *H. humifusum.* — M. couché. (I, 410)
   Tiges droites.   2

2. Plante velue. *H. hirsutum.* — M. hérissé. (I, 412)
   Plante glabre.   3

3. Sépales dentés ou ciliés-glanduleux. . . .   4
   Sépales non ciliés-glanduleux.   6

4. Sépales ovales-obtus. *H. pulchrum.* — M. élégant. (I, 411)
   Sépales aigus.   5

5. Feuilles élargies, peu nombreuses. *H. montanum.* — M. de montagne. (I, 412)
   Feuilles étroites, linéaires-obtuses. *H. linearifolium.* — M. à feuilles linéaires. (I, 411)

6. Tige à 4 angles ailés. *H. tetrapterum.* — M. à quatre ailes. (I, 409)
   Tige arrondie ou pourvue seulement de deux ailes.   7

7. Pétales d'un jaune clair, chargés sur le dos de linéoles noires ; pédicelles plus courts que le calice. *H. lineolatum.* — M. linéolé. (I, 410)
   Pétales jaunes, non rayés de noir ; pédicelles plus longs que le calice. *H. perforatum.* — M. perforé. (I, 409)

215. ELODES [Elode].

E. palustris. — E. des marais. (I, 413)

216. ANDROSÆMUM [Androsème].

A. officinale. — A. officinal. (I, 414)

217. HELIANTHEMUM [Helianthème].

1. Fleurs blanches. *H. pulverulentum.* — H. pulvérulent. (I, 416)
   Fleurs jaunes.   2

2. Plante ligneuse, au moins à la base. *H. vulgare.*
      — H. commun. (I, 416)
    Plante annuelle ; tige herbacée.   3

3. Fleurs munies de bractées. *H. salicifolium.* —
      H. à feuilles de Saule. (I, 415)
    Fleurs dépourvues de bractées. *H. guttatum.* —
      H. taché. (I, 415)

218. FUMANA [Fumane].

F. procumbens. — F. tombant. (I, 417)

219. DROSERA [Rossolis].

D. rotundifolia. — R. à feuilles rondes. (I, 418)

220. PARNASSIA [Parnassie.]

P. palustris. — P. des marais. (I, 419)

221. VIOLA [Violette].

1. Sépales obtus.   2
    Sépales aigus.   9

2. Plante émettant des rejets rampants, allongés,
      feuillés.   3
    Plante sans rejets rampants   8

3. Feuilles adultes suborbiculaires, très obtuses .   4
    Feuilles adultes ovales-oblongues, plus ou moins
      aiguës   5

4. Fleurs d'un bleu violet foncé ou blanches, très
      odorantes. *V. odorata.* — V. odorante.
      (I, 358)
    Fleurs lilas ou carnées, un peu odorantes ; capsule

ovoïde. *V. subcarnea.* — V. couleur de
chair. (I, 358)

5. Stipules linéaires, à cils égalant à peu près leur
largeur. 6
Stipules lancéolées ou lancéolées-linéaires,
acuminés, à cils bien plus courts que leur
largeur. 7

6. Feuilles adultes d'un vert sombre ; éperon et
capsule violacés; fleurs ordinairement violettes,
rarement blanches. *V. scotophylla.* — V. à
feuilles foncées. (I, 358)
Feuilles adultes d'un vert clair ; éperon non
coloré ; capsule verdâtre ; fleurs blanches.
V. virescens. — V. verdoyante. (I, 359)

7. Sépales ciliés ; fleurs violettes, ou blanches avec
l'éperon violet ; capsule en partie avortée et
contenant une-deux graines. *V. abortiva.* —
V. avortée. (I, 357)
Sépales glabres ; fleurs d'un violet bleu, un peu
pâles, blanches au fond jusqu'au tiers ; capsule normale, à loges contenant sept-douze
graines. *V. sepincola.* — V. des haies. (supp. 3)

8. Fleurs d'un bleu violet ; pédoncules hérissés de
poils caducs. *V. hirta.* — V. hérissée. (I, 420)
Fleurs d'un lilas clair ; pédoncules glabres. *V.
Foudrasi.* — V. de Foudras. (I, 421)

9. Stigmate aigu ; stipules entières ou seulement
incisées 10
Stigmate en entonnoir ; stipules très découpées. 14

10.	Eperon jaune ou jaunâtre. *V. canina.* — V. des chiens. (I, 425)

Eperon jamais jaune.	. . . .	11

11.	Feuilles ovales-élargies, en cœur à la base, atténuées au sommet.	. . . .	12

Feuilles peu ou point en cœur à la base, ovales-oblongues	13

12.	Fleurs d'un violet-clair ; éperon ordinairement blanchâtre. *V. riviniana.* — V. de Rivin. (I, 425)

Fleurs et éperon d'un violet lilas. *V. reichenbachiana.* — V. de Reichenbach. (I, 425)

13.	Stipules étroites, ne ressemblant pas aux feuilles. *V. lancifolia.* — V. fer de lance. (I, 426)

Stipules supérieures semblables aux feuilles. *V. pumila.* — V. humble. (I, 426)

14.	Stipules à lobe terminal, foliacé et denté	. .	15

Lobe terminal des stipules peu ou point denté, ou un peu crénelé ; corolle égalant à peine le calice. *V. segetalis.* — V. des moissons. (I, 428)

15.	Eperon dépassant sensiblement les appendices du calice	16

Eperon peu ou point saillant	17

16.	Feuilles supérieures oblongues, un peu pointues. *V. Provostii.* — V. de Provost. (I, 428)

Feuilles toutes ovales-obtuses ; très petite plante. *V. nana.* — V. naine. (I, 429)

17. Fleurs d'un beau violet; pétales latéraux quelquefois jaunes, plus ou moins lavés de violet;
bractées à la fin beaucoup au-dessous de la
courbure du pédoncule dressé à angle aigu.
V. meduanensis. — V. de la Mayenne. (I, 427)
Fleurs d'un blanc-jaunâtre dépassant un peu le
calice; pédoncule étalé-dressé; bractées situées sur la courbure du pédoncule, un peu
au-dessous de la fleur. *V. ruralis.* — V. ru-
rale. (I, 427)

222. SALIX [Saule].

1. Des chatons ne portant que des pistils . . . 2
Des chatons ne portant que des étamines . . 10

2. Ecailles des chatons concolores; capsules glabres. 3
Ecailles des chatons brunes au sommet; capsules rarement glabres 5

3. Ecailles caduques avant la maturité des capsules. 4
Ecailles persistantes ainsi que les stipules. *S.
triandra.* — S. à trois étamines. (1, 431)

4. Stigmates bifides et en croix; feuilles vertes et
luisantes en dessus, plus pâles et velues-
soyeuses en dessous, à la fin glabres; stipules
obliquement ovales. *S. fragilis.* — S. fragile.
(I, 431)
Stigmate échancré ou bilobé; feuilles blanches-
soyeuses, surtout en dessous; stipules très
petites, lancéolées, caduques. *S. alba.* — S.
blanc. (1, 431)

5. Stipules réniformes.   6

Stipules lancéolées-linéaires ou lancéolées-aiguës.   9

Stipules ordinairement nulles. *S. purpurea.* —
    S. pourpre. (I, 432)

6. Feuilles lancéolées-oblongues, blanches-tomen-
    teuses en dessous ; style aussi long ou plus
    long que les stigmates. *S. rugosa.* — S. ru-
    gueux. (I, 432)

Feuilles arrondies-obovales ou oblongues-obo-
    vales ; style très court   7

7. Feuilles oblongues-élargies, pubescentes ou gla-
    brescentes en dessous, obtuses ou brièvement
    acuminées en pointe droite. *S. cinerea.*— S.
    cendré. (I, 443)

Feuilles obovales ou arrondies, tomenteuses en
    dessous, obtuses ou terminées par une pointe
    oblique.   8

8. Feuilles glabres, lisses et luisantes en dessus.
    S. Caprea. — S. Marceau. (I, 434)

Feuilles rugueuses et pubescentes en dessus.
    S. aurita. — S. à oreillettes. (I, 434)

9. Feuilles ovales ou elliptiques ; arbuste rampant,
    à rameaux souvent radicants. *S. repens.* —
    S. rampant. (I, 435)

Feuilles linéaires-acuminées, très longues ; ar-
    brisseau dressé. *S. viminalis.* — S. des
    vanniers. (I, 432)

10. Trois étamines. *S. triandra*   3
Deux étamines   11

11. Anthères pourpres. *S. purpurea* 5
　　Anthères jaunes ou jaunâtres 12

12. Chatons naissant avant les feuilles 13
　　Chatons naissant après les feuilles 17

13. Ecailles rétrécies à la base. 14
　　Ecailles non ou à peine rétrécies à la base . . 16

14. Ecailles arrondies au sommet. *S. cinerea* . . 7
　　Ecailles pointues. 15

15. Feuilles ovales. *S. Caprea* 8
　　Ecailles lancéolées. *S. rugosa* 6

16. Ecailles ovales, aiguës, acuminées presque dès
　　la base. *S. aurita*. 8
　　Ecailles obtuses ou à peine pointues 9

17. Etamines à filets poilus. *S. alba* 4
　　Etamines à filets glabres. *S. fragilis*. . . . 4

223. POPULUS [Peuplier].

1. Etamines douze ou plus; écailles des chatons
　　glabres ; jeunes pousses glabres, souvent
　　luisantes. *P. nigra.* — P. noir. (I, 437)
　　Etamines huit ; écailles des chatons velues-
　　ciliées ; jeunes pousses pubescentes, laineuses
　　ou hérissées 2

2. Feuilles très blanches-tomenteuses en dessous,
　　d'un vert foncé en dessus. *P. alba.* — P.
　　blanc. (I, 436)
　　Feuilles glabres ou velues, mais non très blan-
　　ches en dessous 3

3 Stigmates bifides; feuilles adultes, glabres sur les deux faces. *P. Tremula.*— P. Tremble. (I, 437)

Stigmates à lobes palmés en éventail; feuilles d'abord blanches-grisâtres, puis glabrescentes et glauques en dessous. *P. canescens.* — P. blanchâtre. (I, 436)

224. MENYANTHES [Ményanthe].

M. trifoliata. — M. trifoliolé. (I, 438)

225. LIMNANTHEMUM [Limnanthème].

L. nymphoïdes. — L. faux Nénuphar. (I, 439)

226. CHLORA [Chlore].

Calice à divisions linéaires, subulées, libres jusqu'à la base, plus courtes que la corolle. *C. perfoliata.* — C. perfoliée. (I, 440)

Calice souvent à six divisions ovales-lancéolées, soudées dans leur quart inférieur, trinerviées, égalant presque la corolle. *C. imperfoliata.* — C. imperfoliée. (I, 440)

227. GENTIANA [Gentiane].

G. Pneumonanthe.— G. Pneumonanthe. (I, 441)

228. CICENDIA [Cicendie].

C. pusilla. — C. fluette. (I, 442)

229. MICROCALA [Microcale].

M. filiformis. — M. filiforme. (I, 442)

230. ERYTHRÆA [Erythrée].

Fleurs assez longuement pédonculées; corolle à
lobes aigus, où denticulés au sommet. *E.
pulchella*. — E. élégante. (I, 444)
Fleurs presque sessiles; corolle à lobes obtus. *E.
Centaurium*. — E. Petite-Centaurée. (I, 443)

231. OROBANCHE [Orobanche].

1. Stigmate jaune 2
   Stigmate violacé ou d'un pourpre foncé . . . 5

2. Filets des étamines glabres à la base. *O. Rapum*.
   — O. Rave. (I, 445)
   Filets des étamines plus ou moins velus à la
   base. 3

3. Corolle rouge de sang à l'intérieur 4
   Corolle d'un jaune pâle, n'étant pas d'un rouge
   de sang en dedans, veinée de violet ou
   de bleuâtre en dehors. *O. Hederæ*. — O. du
   Lierre. (I, 449)

4. Sépales bifides ; étamines insérées à la base de
   la corolle. *O. cruenta*. —O. sanglante. (I, 446)
   Sépales presque toujours entiers ; étamines
   insérées au-dessus de la base de la corolle.
   O. Ulicis. — O. de l'Ajonc. (I, 446)

5. Lèvre supérieure de la corolle échancrée ou
   découpée. 6
   Lèvre supérieure de la corolle entière. . . . 9

6. Etamines munies à la base de poils abondants.
O. *Galii.* — O. du Gaillet. (I, 447)
Etamines n'ayant à la base que quelque poils
épars.   7

7. Etamines insérées près de la base de la corolle.
O. epithymum. — O. du Serpolet. (I, 447).
Etamines insérées beaucoup au-dessus de la
base de la corolle.   8

8. Corolle arquée régulièrement sur le dos, à
limbe obtusément denticulé ; lèvre inférieure
à trois lobes presque égaux. *O. minor.* — O.
mineure. (I, 449)
Corolle brusquement courbée vers son tiers inférieur, à limbe bordé de denticules très pro-
noncées et aigües ; lèvre inférieure à lobe
médian bi-trifide, du double plus grand que
les autres. *O. amethistea.* — O. Améthyste.
(I, 450)

9. Etamines insérées à trois-quatre millimètres au-
dessus de la base de la corolle ; lèvres ciliées.
O. Teucrii. — O. de la Germandrée. (I, 448)
Etamines insérées presque au milieu du tube de
la corolle ; lèvres non ciliées. *O. Picridis.* —
O. de la Picride. (I, 448)

232. PHELIPÆA [Phélipée].

P. ramosa. — P. rameuse. (I, 451)

233. LATHRÆA [Lathrée].

L. squamaria. — L. écailleuse. (I, 452)

234. CLANDESTINA [Clandestine].

C. rectiflora. — C. à fleurs dressées. (I, 452)

235. MELAMPYRUM [Mélampyre].

1. Calice à divisions plus courtes que le tube de la
corolle   2
Calice à divisions égalant la longueur du tube
de la corolle. *M. arvense.* — M. des champs.
(I, 454)

2. Fleurs en épi très compacte, quadrangulaire,
avec les angles relevés en crêtes ; tige pubescente. *M. cristatum.* — M. à crêtes. (I. 455)
Fleurs disposées par paires, en grappes très
lâches, unilatérales ; plante presque glabre.
M. pratense. — M. des prés. (I, 455)

236. PEDICULARIS [Pédiculaire].

Tige dressée, solitaire, rameuse souvent dès la
base, à rameaux dressés. *P. palustris.* — P.
des marais. (I, 456)
Tiges nombreuses, simples, la centrale dressée,
les latérales étalées-diffuses. *P. sylvatica.* —
P. des bois. (I, 456)

237. RHINANTHUS [Rhinanthe].

Calice velu ; graines trois fois plus larges que la
membrane qui les entoure. *R. hirsutus.* —
R. hérissé. (I, 457)
Calice glabre ou légèrement pubescent ; graines
à peine une fois plus larges que la membrane

qui les entoure. *R. major*. — R. majeur.
(I, 457)

238. EUFRAGIA [Eufragie].

E. viscosa. — E. visqueuse. (I, 458)

239. TRIXAGO [Trixagine].

T. apula. — T. de la Pouille. (I, 459)

240. EUPHRASIA [Euphraise].

1. Calice muni de poils glanduleux ; rameaux glanduleux au sommet   2
   Calice dépourvu de poils glanduleux ; rameaux
   non glanduleux   3

2. Calice fructifère dépassant la feuille florale. *E.
   campestris*. — E. champêtre. (I, 460)
   Calice fructifère ne dépassant pas la feuille
   florale. *E. officinalis*. — E. officinale. (I, 461)

3. Tube de la corolle plus long que les lèvres.
   E. gracilis. — E. grêle. (I, 461)
   Tube de la corolle plus court que les lèvres. .   4

4. Feuilles inférieures à dents obtuses. *E. rigidula*.
   — E. raide. (I, 461)
   Feuilles inférieures à dents aiguës. *E. ericeto-
   rum*. — E. des landes. (I, 462)

241. ODONTITES [Odontite].

1. Fleurs d'un beau jaune. *O. lutea*. — O. jaune.
   (I, 464)
   Non   2

2. Fleurs d'un jaune pâle, quelquefois rougeâtre,
   à lèvres conniventes ; styles ne dépassant pas
   la corolle. *O jaubertiana.* — O. de Jaubert.
   (I, 464)
   Fleurs rosées, à lèvres écartées ; styles dépassant
   la corolle   3

3. Feuilles élargies à la base et insensiblement
   atténuées ; rameaux ascendants. *O. rubra.* —
   O. rouge. (I, 463)
   Feuilles atténuées à la base ; rameaux étalés.
   O. serotina. — O. tardive. (I, 463)

242. SCROPHULARIA [Scrofulaire].

Racine noueuse-tuberculeuse ; feuilles finement
   dentées en scie. *S. nodosa.* — S. noueuse.
   (I, 465)
Racine fibreuse ; feuilles crénelées. *S. aquatica.*
   — S. aquatique. (I, 466)

243. GRATIOLA [Gratiole].

G. officinalis. — G. officinale. (I, 466)

244. DIGITALIS [Digitale].

Fleurs purpurines ou rosées ; tige velue. *D. pur-
   purea.* — D. pourprée. (I, 467)
Fleurs d'un jaune pâle ; tige glabre. *D. lutea.* —
   D. jaune. (I, 467)

245. ANTIRRHINUM [Muflier].

Calice à divisions linéaires, plus longues que la

corolle et que la capsule. *A. Orontium.* —
M. rubicond. (I, 468)

Calice à lobes obovales, trois-quatre fois plus
courts que la corolle. *A. majus.* — M. à
grandes fleurs. (I, 469)

246. LINARIA [Linaire].

1. Feuilles pétiolées.   2
   Feuilles sessiles, au moins les supérieures. .   4

2. Feuilles à limbe réniforme, en cœur, longue-
   ment, pétiolées, glabres. *L. Cymballaria.* —
   L. Cymballaire. (I, 469)
   Feuilles brièvement pétiolées ; plante velue. .   3

3. Feuilles toutes ovales-orbiculaires. *L. spuria.*
   — L. bâtarde. (I, 470)
   Feuilles moyennes hastées, les supérieures sa-
   gittées. *L. Elatine.* — L. Elatine. (I, 470)

4. Plante glabre.   5
   Plante pubescente-glanduleuse, au moins au
   sommet.   6

5. Fleurs d'un pourpre violet, à palais pâle, veiné
   de blanc. *L. pelisseriana.* — L. de Pelissier.
   (I, 471)
   Fleurs blanches ou jaunâtres, rayées de violet.
   L. striata. — L. striée. (I, 472)
   Fleurs d'un violet pâle, avec le palais jaune. .   6

6. Corolle entièrement jaune   7
   Corolle violette à palais jaune.   8

7. Fleurs en grappes spiciformes, terminales, serrées ; rameaux florifères dressés. *L. vulgaris.* — L. commune. (I, 473)
Rameaux diffus, couchés, puis redressés. *L. supina.* — L. couchée. (I, 472)

8. Corolle et capsule poilues-glanduleuses. *L. minor.* — L. naine. (I, 471)
Corolle et capsule glabres. *L. prætermissa.* — L. oubliée. (I, 471)

247. VERONICA [Véronique].

1. Fleurs solitaires, axillaires ou en grappes terminales ; plantes le plus souvent annuelles. . 2
Fleurs en grappes axillaires, opposées ou alternes ; plantes vivaces 10

2. Feuilles florales dégénérant en bractées. . . 3
Toutes les feuilles semblables. 7

3. Feuilles moyennes digitées. *V. triphyllos.* — V. à trois lobes. (I, 476)
Non 4

4. Calice fructifère subsessile. *V. arvensis.* — V. des champs. (I, 475)
Calice fructifère égalant ou dépassant la bractée. 5

5. Capsule plus longue que large ; bractées la plupart profondément crénelées. *V. præcox.* — V. précoce. (I, 476)
Capsule plus large que longue ; bractées la plupart entières. 6

6. Plante annuelle, pubescente-glanduleuse ; fleurs
   d'un beau bleu. *V. acinifolia.* — V. à feuilles
   d'Acinos. (I, 477)
   Plante vivace ; tige et rameaux seulement velus
   et très radicants ; fleurs bleuâtres. *V. ser-*
   pyllifolia. — V. à feuilles de Serpolet. (I,
   477)

7. Lobes du calice cordiformes à la base. *V. hederæ-*
   folia. — V. à feuilles de Lierre. (I, 474)
   Non   8

8. Capsule comprimée, glabre ou presque glabre.
   V. Buxbaumii. — V. de Buxbaum. (I, 475)
   Capsules à lobes renflés   9

9. Fleurs d'un bleu tendre ; capsule pubescente.
   V. didyma. — V. didyme. (I, 474)
   Fleurs ordinairement blanches ou un peu rosées ;
   capsule pubescente-glanduleuse. *V. agrestis.*
   — V. rustique. (I, 481)

10. Feuilles très glabres ou linéaires et sessiles ;
    plantes aquatiques   11
    Feuilles velues, jamais linéaires   14

11. Grappes de fleurs alternes. *V. scutellata.* — V.
    à écusson. (I, 481)
    Grappes opposées   12

12. Feuilles ovales, obtuses, brièvement pétiolées.
    V. Beccabunga. — V. Beccabunga. (I, 482)
    Feuilles aiguës, allongées, sessiles.   13

13. Pédoncules et pédicelles glanduleux. *V. anagal-
     loides.* — V. faux Mouron. (I, 482)
     Pédoncules et pédicelles non glanduleux. *V.
     Anagallis.* — V. Mouron. (I, 481).

14. Feuilles longuement pétiolées ; capsule débor-
     dant le calice dans tous les sens. *V. montana.*
     — V. de montagne. (I, 480)
     Non   15

15. Fleurs d'un beau bleu, assez grandes .   .   .   16
     Fleurs d'un bleu pâle, petites.   18

16. Calice à quatre divisions. *V. Chamædrys.* — V.
     petit Chêne. (I, 479)
     Calice à cinq divisions très inégales.   .   .   .   17

17. Lobes du calice et capsule glabres. *V. prostrata.*
     — V. couchée. (I, 478)
     Lobes du calice ciliés ou pubescents. *V. Teucrium.*
     — V. Teucriette. (I, 478)

18. Feuilles obovales ou arrondies, dentées-créne-
     lées. *V. intermedia.* — V. intermédiaire. (I,
     479)
     Feuilles ovales ou oblongues, finement dentées
     en scie. *V. officinalis.* — V. officinale. (I,
     479)

248. LIMOSELLA [Limoselle].

L. aquatica. — L. aquatique. (I, 483)

249. SOLANUM [Morelle].

1. Tige ligneuse, sarmenteuse; fleurs violettes. *S. Dulcamara*. — M. Douce-amère. (I, 486)
Tige herbacée; fleurs blanches. 2

2. Baies noires à la maturité. *S. nigrum*. — M. noire. (I, 484)
Baies vertes ou jaunâtres. *S. humile*. — M. basse. (I, 485)
Baies d'un jaune citron. *S. ochroleucum*. — M. jaunâtre. (I, 485)
Baies rouges. *S. miniatum*. — M. rouge. (I, 485)

250. PHYSALIS [Coqueret].

P. Alkekengi. — C. Alkékenge. (I, 486)

251. ATROPA [Atrope].

A. Belladona. — A. Belladone. (I, 487)

252. DATURA [Datura].

D. Stramonium. — D. Stramoine. (I, 488).

253. HYOSCYAMUS [Jusquiame].

H. niger.— J. noire. (I, 488)

254. VERBASCUM [Molène].

1. Etamines munies de poils blancs ou jaunâtres. 2
Poils des étamines purpurins; corolle à gorge violette 6

2. Inflorescence hispide glanduleuse   6
    Non . . . . '.   3

3. Feuilles décurrentes le long de la tige ; épi de
    fleurs serré , ordinairement solitaire. *V.
    Thapsus.* — M. Bouillon-blanc. (I, 489)
    Feuilles non décurrentes   4

4. Feuilles presque glabres et vertes en dessus,
    blanches et brièvement tomenteuses en
    dessous, les caulinaires non embrassantes.
    V. Lychnitis. — M. Lychnite. (I, 490)
    Duvet de la plante floconneux, s'enlevant par
    le frottement ; feuilles caulinaires embras-
    santes ; fleurs plongées dans le duvet avant
    la floraison.   5

5. Feuilles crénelées, les supérieures arrondies et
    subitement rétrécies en pointe oblique-con-
    tournée ; tige anguleuse. *V. pulvinatum.* —
    M. poudreuse. (I, 490)
    Feuilles entières ou à peine crénelées, toutes
    oblongues, aiguës ; tige cylindracée. *V. flocco-
    sum.* — M. floconneuse. (I, 490)

6. Feuilles glabres. *V. Blattaria.* — M. Blattaire.
    (I, 491)
    Feuilles velues ou pubescentes, au moins en
    dessous.   7

7. Stigmate long, en massue. *V. Bastardi.* — M.
    de Bastard. (I, 492)
    Stigmate en demi-lune. *V. nigrum.* — M. noire.
    (I, 491)

255. VINCA [Pervenche].

Pédoncules plus longs que les feuilles glabres.
V. minor. — P. à petites fleurs. (I, 493)
Pédoncules plus courts que les feuilles pubes-
centes-ciliées sur les bords. *V. major*. — P.
à grandes fleurs. (I, 494)

256. VINCETOXICUM [Dompte-venin].

V. officinale. — D. officinal. (I, 495)

257. BORRAGO [Bourrache].

B. officinalis. — B. officinale. (II, 2)

258. CYNOGLOSSUM [Cynoglosse].

C. officinale. — C. officinale. (II, 3)

259. ECHINOSPERMUM [Echinosperme].

E. Lappula. — E. faux Myosotis. (II, 4)

260. ASPERUGO [Râpette].

A. procumbens. — R. couchée. (II, 4)

261. HELIOTROPIUM [Héliotrope].

H. europæum. — H. d'Europe. (II, 5)

262. MYOSOTIS [Scorpione].

1. Calice couvert de poils appliqués, non crochus
   au sommet.   2
   Calice muni de poils étalés, dont plusieurs sont
   crochus au sommet   4

2. Tige couverte de poils apprimés   3
Tige longuement rampante à la base et munie
de poils étalés. *M. repens*. — S. rampante.
(II, 6)

3. Tige anguleuse; souche oblique, un peu rampante, quelquefois stolonifère; style égalant
presque le calice. *M. palustris*. — S. des
marais. (II, 6)
Tige arrondie inférieurement; racine verticale,
fibreuse; style presque nul. *M. cæspitosa*. —
S. gazonnante. (II, 6)

4. Pédicelles fructifères plus longs que le calice.   5
Pédicelles fructifères plus courts que le calice
ou l'égalant à peine   6

5. Corolle assez grande, à limbe plan, à tube égalant le calice; divisions du calice dressées à
la maturité. *M. sylvatica*. — S. des bois.
(II, 7)
Corolle assez petite, à limbe concave, à tube
plus court que le calice; divisions du calice
conniventes à la maturité. *M. intermedia*. —
S. intermédiaire. (II, 7)

6. Calice fermé à la maturité; fleurs d'abord jaunes,
puis bleues, enfin violettes; corolle à tube à
la fin plus long que le calice. *M. versicolor*.
— S. changeante. (II, 8)
Calice toujours ouvert; fleurs bleues; corolle à
tube toujours plus court que le calice. *M. his-
pida*. — S. hispide. (II, 8)

263. LITHOSPERMUM [Grémil].

1. Graines rugueuses, non luisantes; fleurs blanches, rarement rosées. *L. arvense.* — G. des champs. (II, 9)

    Graines lisses, luisantes; plantes vivaces. . .   2

2. Fleurs d'un beau bleu violet. *L. purpureo-cæruleum.* — G. bleu-pourpre. (II, 10)

    Fleurs blanches. *L. officinale.* — G. officinal. (II, 9)

264. PULMONARIA [Pulmonaire].

P. angustifolia. — P. à feuilles étroites. (II, 10)

265. SYMPHYTUM [Consoude].

Fleurs jaunâtres; feuilles supérieures sémi-décurrentes; graines tuberculeuses; tige simple ou bifurquée. *S. tuberosum.* — C. tubéreuse. (II, 11)

Fleurs blanches ou violettes; feuilles longuement décurrentes; carpelles lisses; tige rameuse. *S. officinale.* — C. officinale. (II, 12)

266. LYCOPSIS [Lycopside].

L. arvensis. — L. des champs. (II, 12)

267. CARYOLOPHA [Caryolophe].

C. sempervirens. — C. toujours verte. (II, 13)

268. ANCHUSA [Buglosse].

A. italica. —B. d'Italie. (II, 14)

269. ECHIUM [Vipérine].

Étamines très saillantes. *E. vulgare*. — V. commune. (II, 14)
Étamines incluses. *E. Wierzbickii.* — V. de Wierzbick. (II, 15)

270. CALYSTEGIA [Calystégie].

C. sepium. — C. des haies. (II, 17)

271. CONVOLVULUS [Liseron].

C. arvensis. — L. des champs. (II, 17)

272. CUSCUTA [Cuscute].

1. Stigmates aigus ou en massue. 2
   Stigmates globuleux ; corolle pédicellée, deux-trois fois aussi longue que le calice ; fleurs très odorantes. *C. hassiaca*. — C. de la Hesse. (II, 20)

2. Tube de la corolle cylindrique et de la longueur du limbe ; fleurs munies de bractées. . . 3
   Tube de la corolle renflé, deux fois plus long que le limbe ; fleurs dépourvues de bractées. *C. epilinum*. — C. du Lin. (II, 18)

3. Tube fermé intérieurement par des écailles. . 4
   Tube non fermé par des écailles. *C. major*. — C. majeure. (II, 19)

4. Calice plus court que le tube de la corolle ; stigmates dressés et saillants à la fin ; tige

souvent rougeâtre. *C. minor.* — C. mineure.
(II, 19)
Calice égalant presque le tube de la corolle ;
stigmates divergents, inclus ; tige jaunâtre.
C. Trifolii. — C. du Trèfle. (II, 20)

273. JASMINUM [Jasmin].

J. fruticans. — J. frutescent. (II, 22)

274. FRAXINUS [Frêne].

Fruits obtus au sommet. *F. excelsior.* — F.
élevé. (II, 22)
Fruits atténués aux deux bouts. *F. rostrata.* —
F. à bec. (II, 22)

275. LIGUSTRUM [Troène].

L. vulgare. — T. commun. (II, 23)

276. GLOBULARIA [Globulaire].

G. vulgaris. — G. commune. (II, 25)

277. VERBENA [Verveine].

V. officinalis. — V. officinale. (II, 20)

278. MENTHA [Menthe].

1. Calice à gorge fermée par des poils. *M. Pulegium.*
   — M. Pouliot. (II, 32)
   Non 2

2. Tige terminée par des fleurs en épi ou en tête. 3
   Glomérules de fleurs tous axillaires; tige terminée
   par des feuilles. 8

3. Feuilles sessiles ou subsessiles. 4

   Feuilles assez longuement pétiolées. . . . 6

4. Bractées ovales-lancéolées, acuminées ; feuilles arrondies au sommet. *M. rotundifolia*. — M. à feuilles rondes. (II, 28)

   Bractées linéaires, subulées ; feuilles aiguës. . 5

5. Tige et feuilles à peu près glabres ; feuilles presque sessiles , étroitement lancéolées. *M. viridis*. — M. verte. (II, 29)

   Tige et feuilles velues ; feuilles entièrement sessiles, ovales ou ovales-oblongues. *M. sylvestris*. — M. sauvage. (II, 28)

6. Fleurs en tête terminale arrondie. *M. aquatica*. — M. aquatique. (II, 30)

   Non 7

7. Calice cylindracé, très hérissé. *M. canescens*. — M. grisâtre. (II, 29)

   Calice tubuleux-campanulé, glabre à la base, à dents ciliées. *M. rubra*. — M. rouge. (II, 30)

8. Feuilles orbiculaires ou ovales-oblongues, élargies. 9

   Feuilles allongées ou lancéolées, longuement pétiolées. *M. parietariæfolia*. — M. à feuilles de Pariétaire. (II, 32)

9. Calice campanulé, à dents courtes, triangulaires, aiguës 10

   Calice cylindrique ou tubuleux, à dents linéaires-subulées, dressées. *M. sativa*. — M. cultivée. (II, 31)

10. Tige droite ; feuilles inférieures orbiculaires.
M. nummularia. — M. à feuilles de Nummulaire. (II, 31)

Tige diffuse ou couchée ; feuilles n'étant pas
orbiculaires. *M. arvensis*. — M. des champs.
(II, 34)

279. LYCOPUS [Lycope].

L. europæus. — L. d'Europe. (II, 33)

280. SALVIA [Sauge].

1. Corolle longuement exserte   2
Corolle dépassant à peine le calice. *S. verbenaca*.
— S. Verveine. (II, 35)

2. Corolle d'un blanc lavé de violet ; bractées mem-
braneuses, plus grandes que le calice. *S.
Sclarea*. — S. Sclarée. (II, 33)
Corolle bleue, rarement blanche ou rose ; brac-
tées herbacées, plus courtes que le calice.
S. pratensis. — S. des prés. (II, 34)

281. ORIGANUM [Origan].

O. vulgare. — O. commun. (II, 35)

282. THYMUS [Thym].

Tiges florifères munies de deux-quatre rangées
de poils ; feuilles contractées en pétiole. *T.
Chamædrys*. — T. Germandrée. (II, 37)
Tiges florifères munies tout autour de poils ré-
fléchis ; feuilles atténuées en coin à la base.
T. Serpyllum. — T. Serpolet. (II, 36)

283. CALAMINTHA [Calament].

1. Calice bossu à la base; fleurs portées sur des
    pédoncules simples. *C. Acynos.* — C. Acynos.
    (II, 37)
    Calice à tube non bossu à la base; fleurs en
    cymes; rameaux dichotomes   2

2. Corolle d'un bleu clair; calice muni à la gorge
    de poils exsertes; cymes denses, dépassant la
    feuille florale. *C. Nepeta.* — C. Népéta. (II,
    38)
    Corolle purpurine ou d'un lilas clair; calice muni
    à la gorge de poils inclus   3

3. Corolle purpurine, à lobe moyen de la lèvre
    inférieure orbiculaire; cymes inférieures éga-
    lant la feuille florale. *C. officinalis.* — C. offi-
    cinal. (II, 38)
    Corolle d'un lilas clair, à lobe moyen de la
    lèvre inférieure émarginé; cymes plus courtes
    que la feuille florale. *C. ascendens.* — C. as-
    cendant. (II, 39)

284. CLINOPODIUM [Clinopode].

C. vulgare. — C. commun. (II, 40)

285. MELISSA [Mélisse].

M. officinalis. — M. ofücinale. (II, 41)

286. NEPETA [Népéta].

N. Cataria. — N. Chataire. (II, 41)

287. GLECHOMA [Gléchome].

G. hederacea. — G. Lierre-terrestre. (II, 42)

288. MELITTIS [Mélitte].

M. grandiflora. — M. à grandes fleurs. (II, 43).

289. LAMIUM [Lamier].

1. Tube de la corolle pourvu intérieurement d'un anneau de poils 2
   Tube de la corolle dépourvu d'anneau de poils. 4

2. Feuilles crénelées ; lèvre supérieure de la corolle non carénée sur le dos. *L. purpureum.* — L. pourpre. (II, 44)
   Feuilles fortement dentées ; lèvre supérieure de la corolle bicarénée sur le dos 3

3. Fleurs ordinairement purpurines, à tube plus long que le calice ; une seule dent de chaque coté à la base de la lèvre inférieure de la corolle. *L. maculatum.* — L. maculé. (II, 45)
   Fleurs blanches, à tube égalant le calice ; deux dents de chaque côté de la base de la lèvre inférieure de la corolle. *L. album.* — L. blanc. II, 45)

4. Feuilles supérieures sessiles, embrassantes, réniformes, crénelées-lobées. *L. amplexicaule.* L. embrassant. (II, 43)
   Feuilles supérieures brièvement pétiolées, décurrentes sur le pétiole, triangulaires-arrondies, presque aiguës, profondément incisées-dentées. *L. hybridum.* — L. hybride. (II, 44)

290. GALEOBDOLON [Galéobdolon].

G. luteum. — G. jaune. (II, 46)

291. GALEOPSIS [Galéopside].

1. Tige renflée et hispide sous les nœuds; corolle purpurine, rosée ou blanche. *G. Tetrahit.* — G. Tétrahit. (II, 48)
Tige non renflée ou non hérissée de soies . .   2

2. Bractées aristées, égalant ou dépassant le calice. *G. angustifolia.* — G. à feuilles étroites. (II, 47)
Bractées mucronées, plus courtes que le calice. *G. dubia.* — G. douteuse. (II, 47)

292. STACHYS [Epiaire].

1. Bractéoles aussi longues ou presque aussi longues que le calice.   2
Bractéoles nulles ou très petites et dépassant à peine le pédicelle   4

2. Plante toute couverte d'un duvet blanc, abondant, soyeux; lèvre inférieure de la corolle égalant la supérieure. *S. germanica.* — E. d'Allemagne. (II, 49)
Plante n'étant pas blanche-soyeuse; lèvre inférieure de la corolle plus longue que la supérieure   3

3. Tige glanduleuse au sommet; feuilles inférieures ovales en cœur. *S. alpina.* — E. des Alpes. (II, 50)
Tige velue, non glanduleuse; feuilles inférieures

lancéolées, inégalement en cœur à la base.
S. heraclea. — E. d'Héraclée. (II, 49)

4. Fleurs jaunes ou jaunâtres ou blanches . . . 5
Fleurs jamais jaunes ni jaunâtres. 6

5. Tige dressée, solitaire, rameuse dès la base ;
dents du calice étroitement lancéolées-subulées, brièvement spinuleuses, velues jusqu'au
sommet de l'épine. *S. annua.* — E. annuel.
(II, 52)
Tiges plus ou moins nombreuses, dressées ou
ascendantes ; dents du calice ovales-lancéolées, terminées par une épine glabre ; vivace.
S. recta. — E dressé. (II, 12)

6. Feuilles oblongues-lancéolées, un peu en cœur
à la base, finement dentées, sessiles ou à peu
près. *S. palustris.* — E. des marais. (II, 51)
Feuilles ovales-lancéolées ou ovales-orbiculaires, fortement dentées ou crénelées, toutes
pétiolées, excepté les florales supérieures. . 7

7. Calice et corolle velus-glanduleux ; feuilles for-
tement dentées, acuminées. *S. sylvatica.* —
E. des bois. (II, 50)
Calice hérissé, non glanduleux ; feuilles créne-
lées, obtuses. *S. arvensis.* — E. des champs.
(II, 51)

293. BETONICA [Bétoine].

B. officinalis. — B. officinale. (II, 53)

294. MARRUBIUM [Marrube].

M. vulgare. — M. commun. (II, 54)

295. BALLOTA [Ballote].

B. nigra. — B. noire. (II, 55)

296. LEONURUS [Agripaume].

L. Cardiaca. — A. cardiaque. (II, 55)

297. CHAITURUS [Chaïture].

C. Marrubiastrum. — C. faux Marrube. (II, 56)

298 SCUTELLARIA [Scutellaire].

Fleurs bleues ou violettes; calice glabre. *S. galericulata.* — S. toque. (II, 57)
Fleurs roses; calice hérissé de poils courts. *S. minor.* — S. mineure. (II, 57)

299. BRUNELLA [Brunelle].

1. Feuilles ovales ou oblongues et pétiolées, surtout les inférieures 2
Feuilles linéaires, très entières et presque sessiles. *B. hyssopifolia.* — B. à feuilles d'Hysope. (II, 60)

3. Plante mollement velue; fleurs d'un blanc jaunâtre. *B. alba.* — B. blanche. (II, 60)
Plante peu velue; fleurs le plus souvent purpurines. 3

3. Feuilles supérieures pennatifides, à lobes ascen-
    dants. *B. pennalifida*. — B. découpée. (II, 59)
    Feuilles jamais pennatifides .   . .   .   .   .   4.

4. Filets des étamines longues munis sous le
    sommet d'une pointe subulée droite ; calice à
    lèvre inférieure divisée jusqu'au milieu. *B.
    vulgaris*. — B. commune. (II, 58)
    Filets des étamines longues munis d'un tuber-
    cule sous le sommet ; calice à lèvre inférieure
    divisée jusqu'au tiers de sa longueur. *B. gran-
    diflora*. — B. à grandes fleurs. (II, 59)

300. AJUGA [Bugle].

1. Fleurs bleues ou roses en glomérules axillaires.   2
    Fleurs jaunes, solitaires ou géminées à l'aisselle
    des feuilles. *A. Chamæpitys*. — B. faux Pin.
    (II, 62)

2. Souche dépourvue de stolons, mais souvent
    munie de bourgeons adventifs sur les racines ;
    feuilles florales moyennes trilobées, les radi-
    cales détruites à la floraison. *A. genevensis*. —
    B. de Genève. (II, 62)
    Souche munie de stolons ; feuilles florales en-
    tières, les radicales persistantes. *A. replans*. —
    B. rampante. (II, 61)

301. TEUCRIUM [Germandrée].

1. Calice bilabié ; fleurs jaunâtres en longue grappe
    terminale. *T. Scorodonia*. — G. des bois.
    (II, 63)
    Calice à cinq divisions presque égales. .   .   .   2

2. Fleurs jaunâtres en tête. *T. montanum.* — G. des montagnes. (II, 65)
   Fleurs violettes ou purpurines, rarement blanches, solitaires ou deux-trois à l'aisselle de feuilles ou de bractées.   3

3. Feuilles pennatiséquées, à segments souvent trifides. *T. Botrys.* — G. Botryde. (II, 64)
   Feuilles dentées ou crénelées.   4

4. Feuilles toutes sessiles, les florales plus longues que les fleurs. *T. Scordium.* — G. Scordion. (II, 64)
   Feuilles, au moins les inférieures, pétiolées, les florales n'étant jamais plus longues que les fleurs. *T. Chamædrys.* — G. Petit-Chêne. (II, 64)

302. CALLUNA [Callune].

C. vulgaris. — C. commune. (II, 65)

303. ERICA [Bruyère].

1. Fleurs très petites, d'un jaune verdâtre. *E. scoparia.* — B. à balais. (II, 69)
   Fleurs roses, rarement blanches   2

2. Etamines saillantes. *E vagans.* — B. vagabonde. (II, 68)
   Etamines incluses   3

3. Calice à divisions glabres, scarieuses aux bords. *E. cinerea.* — B. cendrée. (II, 67)
   Calice à divisions longuement ciliées.   4

4. Fleurs axillaires, grandes, purpurines, à corolle légèrement courbée ; anthères mutiques. *E. ciliaris.* — B. ciliée. (II, 68)
Fleurs terminales, petites, roses, rarement blanches, en grappe scorpioïde ; anthères munies de deux arêtes. *E. tetralix.* — B. quaternée. (II, 68)

304. MONOTROPA [Monotrope].

M. Hypopitys. — M. Suce-Pin. (II, 71)

305. JASIONE [Jasione].

J. montana. — J. des montagnes. (II, 73)

306. PHYTEUMA [Raiponce].

Capitule globuleux, puis ovoïde, pourvu à la base de bractées ovales longuement acuminées. *P. orbiculare* — R. orbiculaire. (II, 74)
Capitule d'abord ovoïde-oblong, à la fin cylindrique, pourvu à la base de bractées linéaires-subulées. *P. spicatum.* — R. en épi. (II, 73)

307. CAMPANULA [Campanule].

1. Fleurs sessiles, disposées en glomérules latéraux et terminaux. *C. glomerata.* — C. agglomérée. (II, 74)
Fleurs pédonculées, disposées en panicule ou en grappes. 2

2. Feuilles radicales en cœur à la base 3
Feuilles radicales atténuées à la base. 4

3. Fleurs dressées ou un peu penchées, solitaires, géminées ou ternées sur des pédoncules courts et axillaires. *C. Trachelium*. — C. Gantelée. (II, 75)

   Fleurs pendantes, solitaires, en grappe spiciforme non feuillée, unilatérales. *C. rapunculoides*. — C. fausse Raiponce. (II, 75)

4. Capsule penchée ainsi que les fleurs ; calice à tube très court, hérissé, turbiné. *C. Erinus*. — C. Erine. (II, 77)

   Capsule dressée 5

5. Racine charnue, fusiforme ; calice à divisions linéaires-sétacées. *C. Rapunculus*. — C. Raiponce. (II, 76)

   Racine grêle ; calice à divisions lancéolées-linéaires. 6

6. Feuilles pubescentes. *C. patula*. — C. étalée. (II, 76)

   Feuilles glabres, luisantes. *C. persicæfolia*. — C. à feuilles de Pêcher. (II, 76)

308. SPECULARIA [Spéculaire].

Calice à divisions aussi longues que l'ovaire ; corolle à limbe plan. *S. Speculum*. — S. miroir. (II, 77)

Calice à lobes oblongs, plus courts que la moitié de l'ovaire ; corolle ordinairement fermée. *S. hybrida*. — S. hydride. (II, 78)

309. WAHLENBERGIA [Campanille].

W. hederacea. — C. à feuilles de Lierre. (11, 79)

310. LOBELIA [Lobélie].

L. urens. — L. brûlante. (11, 79)

311. VALERIANA [Valériane].

Toutes les fleurs munies d'étamines et de pistils. *V. officinalis*. — V. officinale. (II, 81)
Fleurs ne portant sur des individus différents que des étamines ou des pistils. *V. dioica*. — V. dioïque. (11, 81)

312. CENTRANTHUS [Centranthe].

C. latifolius. — C. à larges feuilles. (II, 82)

313. VALERIANELLA [Mâche].

1. Limbe du calice nul ou peu apparent sur le fruit.   2
   Limbe du calice saillant sur le fruit   3

2. Fruit oblong, creusé d'un côté et caréné de l'autre. *V. carinata*. — M. carénée. (II, 83)
   Fruit arrondi-comprimé, muni d'un sillon sur le ventre et de deux côtes latérales. *V. olitoria*. — M. potagère. (II, 82)

3. Limbe du calice plus large que le fruit, à six lobes dressés, triangulaires, terminés par une arête crochue au sommet. *V. coronata*. — M. couronnée. (11, 84)
   Dents du calice non crochues.   4

4. Limbe du calice évasé, veiné et aussi large que le fruit. *V. eriocarpa.* — M. à fruits velus. (II, 84)

Limbe du calice plus étroit que le fruit, et formé d'une dent saillante, munie à sa base de deux-trois très petites dents. *V. auricula.* — M. à oreillettes. (II, 38)

314. DIPSACUS [Cardère].

Feuilles caulinaires connées ; capitules toujours dressés. *D. sylvestris.* — C. sauvage. (II, 86)

Feuilles non connées et munies à la base d'une paire de segments ; capitules d'abord penchés. *D. pilosus.* — C. poilue. (II, 87)

315. KNAUTIA [Knautie].

K. arvensis. — K. des champs. (II, 87)

316. SCABIOSA [Scabieuse].

Feuilles découpées. *S. permixta.* — S. confondue. (II, 89)

Feuilles entières ou seulement dentées. *S. Succisa.* — S. Succise. (II, 88)

317. EUPATORIUM [Eupatoire].

E. cannabinum. — E. à feuilles de Chanvre. (II, 91)

318. TUSSILAGO [Tussilage].

T. Farfara. — T. Pas-d'âne. (II, 92)

319. PETASITES [Pétasite].

P. riparia. — P. des rivages. (II, 93)

320. — LINOSYRIS [Linière].

L. vulgaris. — L. commune. (II, 94)

321. BELLIS [Pâquerette].

B. perennis. — P. vivace. (II, 95)

322. ERIGERON [Vergerette].

Calathides en grappe pyramidale composée, fournie et un peu feuillée. *E. canadensis.* — V. du Canada. (II, 95)

Calathides en grappe corymbiforme lâche, simple, pourvue de bractéoles subulées. *E. acris.* — V. âcre. (II, 96)

323. SOLIDAGO [Solidage].

S. Virga aurea. — S. Verge d'or. (II, 97)

324. MICROPUS [Micrope].

M. erectus. — M. dressé. (II, 97)

325. INULA [Inule].

1. Ligules très courtes, non rayonnantes. *I. Conyza.* — I. Conyze. (II, 98)
   Ligules allongées et rayonnantes. 2

2. Plante glanduleuse à odeur forte. *I. graveolens.* — I. fétide. (II, 101)
   Plante non glanduleuse. 3

3. Feuilles plus ou moins coriaces, vertes sur les
    deux faces ; folioles du péricline arquées en
    dehors 4

    Feuilles molles, blanches-tomenteuses au moins
    en dessous. 5

4. Demi-fleurons un peu plus longs que le péri-
    cline ; feuilles oblongues, arrondies à l'extré-
    mité supérieure et mucronées. *I. squarrosa.*
    — I. rude. (II, 99)

    Demi-fleurons bien plus longs que le péricline ;
    feuilles lancéolées, insensiblement acuminées,
    les moyennes sessiles, embrassantes. *I.
    salicina.* — I. à feuille de Saule. (II, 100)

5. Folioles extérieures du péricline ovales, ayant
    un centimètre au moins de largeur. *I. Hele-
    nium.* — I. Aunée. (II, 98)

    Folioles du péricline linéaires ou lancéolées. . 6

6. Feuilles cordiformes amplexicaules ; calathides
    ordinairement en corymbe. *I. britannica.* —
    I. d'Angleterre. (II, 99)

    Feuilles non embrassantes ; calathide presque
    toujours solitaire. *I. montana.* — I. de mon-
    tagne. (II, 100)

326. PULICARIA [Pulicaire].

Demi-fleurons longs, rayonnants. *P. dysente-
rica.* — P. dyssentérique. (II, 102)

Demi-fleurons très courts, non rayonnants. *P.
vulgaris.* — P. commune. (II, 101)

327. BIDENS [Bident].

Feuilles découpées en trois-cinq folioles. *B. tripartita* — B. tripartite. (II, 103)
Feuilles entières, seulement dentées. *B. cernua.* — B. penché. (II, 103)

328. FILAGO [Cotonnière].

1. Feuilles florales dépassant les glomérules   . .   2
   Feuilles florales égales au plus aux glomérules.   3

2. Feuilles florales linéaires, subulées. *F. gallica.* — C. de France. (II, 107)
   Feuilles florales oblongues ou spatulées. *F. spatulata.* — C. spatulée. (II, 104)

3. Calathides réunies huit-douze en glomérules   .   4
   Calathides trois-six en glomérules.   5

4. Plante à duvet jaunâtre; folioles des calathides à pointe rouge. *F. lutescens.* — C. jaunâtre. (II, 104)
   Plante à duvet blanchâtre; folioles des calathides à pointe d'un jaune pâle. *F. canescens.* — C. blanchâtre. (II, 105)

5. Feuilles dressées, les florales égalant les glomérules; calathides peu anguleuses; plante laineuse. *F. arvensis.* — C. des champs. (II, 106)
   Feuilles appliquées contre la tige, les florales plus courtes que les glomérules; calathides anguleuses; plante brièvement tomenteuse. *F. montana.* — C. de montagne. (II, 106)

329. GNAPHALIUM [Gnaphale].

1. Calathides éparses à l'aisselle des feuilles supérieures et formant une longue grappe spiciforme. *G. sylvaticum*. — G. des bois. (II, 108)
Calathides n'étant pas disposées en grappe spiciforme   2

2. Calathides réunies au sommet de la tige ou des
rameaux et formant un corymbe non feuillé;
feuilles laineuses sur les deux faces. *G. luteo-
album*. — G. jaunâtre. (II, 107)
Calathides entourées et dépassées par les feuilles;
feuilles presque glabres en dessus. *G. uligino-
sum*. — G. des marais. (II, 108)

330. HELICHRYSUM [Hélichryse].

H. Stæchas. — H. Stæchas. (II, 109)

331. ARTEMISIA [Armoise].

Feuilles vertes en dessus; réceptacle glabre. *A.
vulgaris*. — A. commune. (II, 110)
Feuilles blanchâtres en dessus; récéptacle longuement velu. *A. Absinthium*.—A. Absinthe.
(II, 110)

332. TANACETUM [Tanaisie].

T. vulgare. — T. commune. (II, 111)

333. ACHILLEA [Achillée].

Feuilles linéaires-lancéolées ou linéaires, atténuées, dentées en scie. *A. Ptarmica.* — A. sternutatoire. (II, 112)

Feuilles divisées en lobes capillaires, nombreux. *A. Millefolium.* — A. Millefeuille. (II, 112)

334. ANTHEMIS [Camomille].

1. Demi-fleurons jaunes à la base. *A. mixta.* — C. mixte. (II, 114)

Demi-fleurons entièrement blancs 2

2. Ecailles du réceptacle obtuses, scarieuses aux bords et souvent lacérées au sommet. *A. nobilis.* — C. romaine. (II, 113)

Ecailles du réceptacle aiguës 3

3. Ecailles du réceptacle presque aussi longues que les fleurons ; plante inodore. *A. arvensis.* — C. des champs. (II, 114)

Ecailles du réceptacle bien plus courtes que les fleurons ; plante à odeur fétide. *A. Cotula.* — C. fétide. (II. 113)

335. MATRICARIA [Matricaire].

Plante aromatique ; réceptacle creux ; akènes nus. *M. Camomilla.* — M. Camomille. (II, 115)

Plante inodore ; réceptacle plein ; akènes couronnés par un bord étroit. *M. inodora.* — M. inodore. (II, 115)

336. LEUCANTHEMUM [Leucanthème].

1. Calathides en corymbe. 2

Calathides solitaires au sommet de la tige et des rameaux. *L. vulgare.* — L. commun. (II, 116)

2. Feuilles toutes pétiolées. *L. Parthenium.* — L.
   Matricaire. (II, 117)
   Feuilles caulinaires sessiles. *L. corymbosum.* —
   L. en corymbe. (II, 117)

337. CHRYSANTHEMUM [Chrysanthème].

C. segetum. — C. des moissons. (II, 118)

338. DORONICUM [Doronic].

D. plantagineum. — D. à feuilles de Plantain
(II, 119)

339. SENECIO [Seneçon].

1. Demi-fleurons nuls ou très petits et enroulés
   en dehors   2
   Demi-fleurons plans et rayonnants   4

2. Demi-fleurons nuls. *S. vulgaris.* — S. commun.
   (II, 120)
   Demi-fleurons enroulés en dehors.   3

3. Akènes glabres; plante visqueuse. *S. viscosus.*
   — S. visqueux. (II, 120)
   Akènes pubescents; folioles de l'involucre non
   glanduleuses. *S. sylvaticus.* — S. des bois.
   (II, 121)

4. Feuilles plus ou moins pennatifides. . . .   5
   Feuilles entières ou seulement dentées. *S. ruthe-*
   nicus. — S. de Rhodez. (II, 124)

5. Feuilles d'un vert grisâtre et pubescentes. *S. erucæfolius.* — S. à feuilles de Roquette. (II, 121)

   Feuilles vertes et glabres ou presque glabres. 6

6. Feuilles de la tige découpées en lobes à peu près semblables. 7

   Lobe terminal de la feuille distinct et bien plus grand que les autres. 8

7. Feuilles radicales incisées, oblongues dans leur pourtour ; rameaux de la panicule arrivant presque à la même hauteur ; tige de cinq-huit décimètres. Mai-septembre. *S. Jacobæa.* — S. Jacobée. (II, 122)

   Feuilles radicales grossièrement dentées, largement ovales ; rameaux inférieurs de la panicule n'atteignant pas les supérieurs ; tige de huit-douze décimètres. Juillet-août. *S. nemorosus.* — S. des forêts. (II, 122)

8. Feuilles radicales dressées, à lobe terminal oblong. 9

   Feuilles radicales étalées, à lobe terminal très large, ovale, arrondi au sommet. *S. erraticus.* — S. divariqué. (II, 123)

9. Feuilles radicales ovales dans leur pourtour, peu ou point découpées. *S. aquaticus.* — S. aquatique. (II, 123)

   Feuilles radicales oblongues, fortement sinuées. *S. pratensis.* — S. des prés. (II, 123).

340. CALENDULA [Souci].

C. arvensis. — S. des champs. (II, 125)

341. CIRSIUM [Cirse].

1. Feuilles plus ou moins décurrentes. . . .   2
   Feuilles non décurrentes.   3

2. Ecailles du péricline à peine piquantes. *C. pa-*
   lustre. — C. des marais. (II, 126).
   Ecailles à épines raides, vulnérantes. *C. lanceo-*
   latum. — C. lancéolé. (II, 126).

3. Calathides grosses, globuleuses et fortement
   aranéeuses, à écailles munies d'une épine
   très étalée. *C. eriophorum.* — C. laineux.
   (II, 127)
   Calathides médiocres, non aranéeuses ; écailles
   peu ou point épineuses.   4

4. Calathide ordinairement solitaire au sommet de
   la tige ou des rameaux.   5
   Calathides agglomérées au sommet des rameaux.
   C. arvense. — C. des champs. (II, 129)

5. Tige nulle ou très courte. *C. acaule.*— C. nain.
   (II, 127)
   Une tige élevée.   6

6. Péricline déprimé à la base ; fibres radicales
   tubéreuses-fusiformes ; stolons nuls. *C. bulbo-*
   sum. — C. bulbeux. (II, 128)
   Péricline non déprimé à la base ; fibres radicales

un peu épaisses ; souche émettant des stolons
souterrains, grêles. *C. anglicum.* — C. an-
glais. (II, 128)

342. CARDUUS [Chardon].

1. Calathides grandes, penchées, solitaires sur de
longs pédoncules, rarement géminées. *C. nutans.* — C. penché. (II, 131)
Calathides petites, agrégées au sommet de la
tige ou des rameaux. 2

2. Calathides sessiles ou brièvement pédonculées ;
péricline à écailles externes et moyennes scarieuses aux bords, les internes longuement
et finement acuminées et dépassant les corolles. *C. tenuiflorus.* — C. à petites fleurs.
(II, 130)
Calathides portées sur des pédoncules assez
longs et nus au sommet ; écailles externes
non scarieuses aux bords, les internes brième-
ment acuminées, plus courtes que les fleurs.
C. pycnocephalus. — C. à trochets. (II, 130)

343. SILYBUM [Silybe].

S. marianum. — S. Chardon-Marie. (II, 132)

344. ONOPORDON [Onoporde].

O. Acanthium. — O. Acanthe. (II, 133)

345. LAPPA [Bardane].

Folioles du péricline plus courtes que les fleurs,

les internes rosées au sommet. *L. minor.* —
B. à petites têtes. (II, 133)
Folioles du péricline plus longues que les fleurs,
toutes vertes. *L. major.* — B. à grosses têtes.
(II, 34)

346. CARLINA [Carline].

C. vulgaris. — C. commune. (II, 135)

347. SERRATULA [Sarrète].

S. tinctoria. — S. des teinturiers. (II, 135)

348. CARDUNCELLUS [Cardoncelle].

C. mitissimus. — C. doux. (II, 136)

349. KENTROPHYLLUM [Centrophylle].

K. lanatum. — C. laineux. (II, 137)

350. CENTAUREA [Centaurée].

1. Feuilles et péricline épineux. *C. Calcitrapa.* —
   C. Chaussetrape. (II, 141)
   Point d'épines vulnérantes. 2

2. Fleurs bleues. *C. Cyanus.* — C. Bluet. (II, 140)
   Fleurs roses ou purpurines, ... 3

3. Fleurs de la circonférence rayonnantes. . . 4
   Fleurs non rayonnantes. 6

4. Folioles du péricline munies d'une large bordure noire et ciliée, ne cachant pas entièrement la partie verte des folioles voisines. *C.
   Scabiosa.* — C. Scabieuse. (II, 140)
   Folioles n'ayant pas de bordure noire. . . . 5

5. Calathides assez grosses, à folioles extérieures
   brunâtres; floraison dès le mois de mai.
   C. pratensis. — C. des prés. (II, 139)
   Calathides médiocres, pâles; floraison en août.
   C. serotina. — C. tardive. (II, 138)

6. Appendices des écailles appliqués. *C. nigra.* —
   C. noire. (II, 139)
   Appendices des écailles recourbés en dehors.
   C. decipiens. — C. trompeuse. (II, 139)

351. CRUPINA [Crupine].

C. vulgaris. — C. commune. (II, 142)

352. XERANTHEMUM [Immortelle].

Folioles du péricline tomenteuses sur le dos.
X. cylindraceum. — I. à fleurs cylindriques.
(II, 143).
Folioles du péricline glabres et brunes sur le dos.
X. inapertum. — I. à fleurs fermées. (II, 143)

353. LAMPSANA [Lampsane].

L. communis. — L. commune. (II, 144)

254. ARNOSERIS [Arnoséride].

A. pusilla. — A. fluette. (II, 144)

355. CICHORIUM [Chicorée].

C. Intybus. — C. sauvage. (II, 145)

356. CATANANCHE [Cupidone].

C. cærulea. — C. bleue. (II, 146)

357. THRINCIA [Thrincie].

T. hirta. — T. hérissée. (II, 147)

358. LEONTODON [Liondent].

Calathides dressées avant la floraison ; tige ordinairement rameuse. *L. autumnalis.* — L. d'automne. (II, 147)

Tige ne portant qu'une seule calathide penchée avant l'anthèse. *L. hispidus.* — L. hispide. (II, 148)

359. PICRIS [Picride].

P. hieracioides. — P. Epervière. (II, 148)

360. HELMINTHIA [Helminthie].

H. echioides. — H. Vipérine. (II, 149)

361. TRAGOPOGON [Salsifis].

1. Fleurs d'un beau violet. *T. porrifolius.* — S. à feuilles de Poireau. (II, 151)
   Fleurs jaunes.   2

2. Pédoncule fortement renflé en massue au sommet. *T. major.* — S. à gros pédoncule. (II, 150)
   Pédoncule moins large que la calathide au point d'insertion.   3

3. Folioles du péricline égalant ou dépassant les fleurs. *T. pratensis.* — S. des prés. (II, 150)
   Folioles du péricline plus courtes que les fleurs. *T. orientalis.* — S. d'Orient. (II, 150)

362. SCORZONERA [Scorsonère].

Akènes velus. *S. hirsuta.*— S. hérissée.(II, 151)
Akènes glabres. *S. humilis.* — S. humble.
  (II, 152)

363. PODOSPERMUM [Podosperme].

P. laciniatum. — P. lacinié. (II, 152)

364. HYPOCHOERIS [Porcelle].

1. Folioles du péricline glabres ou presque glabres.   2
   Tige et péricline hérissés de poils rudes. *H.
   maculata.* — P. maculée. (II, 154).

2. Feuilles hérissées et rudes. *H. radicata.* —
     P. enracinée. (II, 153)
   Feuilles presque glabres et lisses. *H. glabra.* —
     P. glabre. (II, 153).

365. TARAXACUM [Pissenlit].

1. Folioles du péricline largement ovales et étroite-
     ment appliquées. *T. palustre.* — P. des ma-
     rais. (II, 156)
   Folioles du péricline plus ou moins étalées ou
     réfléchies.   2

2. Graines rougeâtres. *T. erythrospermum.* — P.
     à fruits rouges. (II, 155)
   Graines olivâtres ou d'un jaune verdâtre. . .   3

3. Folioles extérieures du péricline seulement éta-
     lées. *T. udam.* — P. humide. (II, 156)
   Folioles extérieures du péricline réfléchies .   .   4

4. Côte des feuilles lavée de rouge jusqu'au sommet. *T. rubrinerve*. — P. à nervures rouges. (II, 155)

   Côte des feuilles non lavée de rouge jusqu'au sommet. *T. officinale*. — P. officinal. (II, 155)

366. CHONDRILLA [Chondrille].

C. juncea. — C. effilée. (II, 157)

367. LACTUCA [Laitue].

1. Fleurs jaunes ou jaunâtres.   2
   Fleurs bleues ou purpurines. *L. perennis*. — L. vivace. (II, 160)

2. Feuilles à lobes linéaires ou les supérieures acuminées, entières. *L. saligna*. — L. à feuilles de Saule. (II, 158)
   Feuilles élargies, plus ou moins découpées.   .   3

3. Feuilles fermes, dentées-mucronées. . . .   4
   Feuilles molles, à dents non mucronées, à lobe terminal triangulaire, très-grand. *L. muralis*. — L. des murs. (II, 160)

4. Akènes d'un pourpre noir. *L. virosa*. — L. vireuse. (II, 159)
   Akènes gris-olivâtres.   5

5. Feuilles entières. *L. dubia*. — L. douteuse. (II, 159)
   Feuilles roncinées-pennatifides. *L. Scariola*. — L. Scariole. (II, 158)

368. SONCHUS [Laitron].

1. Racine longuement rampante. 2
. Racine non rampante. 3

2. Plante hérissée-glanduleuse au sommet. *S. arvensis*. — L. des champs. (II, 161)
   Plante glabre. *S. maritimus*. — L. maritime. (II, 162)

3. Oreillettes des feuilles caulinaires aiguës et étalées horizontalement. *S. oleraceus*. — L. des cultures. (II, 161)
   Oreillettes des feuilles caulinaires arrondies, contournées en hélice. *S. asper*. — L. épineux. (II, 161)

369. CREPIS [Crépide].

1. Akènes, au moins ceux du disque, prolongés en bec au sommet. 2
   Akènes atténués au sommet, mais non prolongés en bec. 4

2. Folioles du péricline munies de soies longues, raides, rousses, non glanduleuses. *C. setosa*. — C. hispide. (II, 164)
   Péricline dépourvu de longues soies 3

3. Stigmates d'un brun livide; pédoncules dressés avant la floraison. *C. taraxacifolia* — C. à feuilles de Pissenlit. (II, 164)
   Stigmates jaunes; pédoncules penchés avant la floraison. *C. fœtida*. — C. fétide. (II, 163)

4. Plante poilue-visqueuse; péricline très glabre.
    C. pulchra. — C. élégante. (II, 167)
    Plante non velue-visqueuse   5

5. Folioles extérieures du péricline appliquées. .   6
    Folioles extérieures du péricline lâches; feuilles
    et tige hérissées-rudes. *C. nicæensis.* — C. de
    Nice. (II, 166)

6. Tige rameuse, diffuse; calathides en corymbe
    lâche, irrégulier. *C diffusa.* — C. diffuse.
    (II, 165)
    Tige droite; calathides dressées en corymbe. .   7

7. Styles jaunes; péricline muni parfois de quelques
    poils noirâtres. *C. virens.* — C verdoyante.
    (II, 165)
    Styles brunâtres; péricline hérissé de poils noirs,
    glanduleux. *C. agrestis.* — C. agreste. (II, 166)

370. HIERACIUM [Epervière].

1. Plante munie de stolons   2
    Plante dépourvue de stolons   4

2. Feuilles vertes; tige portant deux ou plusieurs
    calathides. *H. Auricula.* — E. Auricule.
    (II, 167)
    Feuilles blanches en dessous; une seule cala-
    thide   3

3. Péricline à poils courts. *H. Pilosella.* — E. Pilo-
    selle. (II, 168)
    Péricline hérissé de longs poils roux. *H. pelle te-*
    rianum. — E. de Lepelletier. (II, 168)

4. Une rosette de feuilles à la base des tiges lors
   de la floraison.   5
   Rosette détruite au moment de l'anthèse. .   .   20·

5. Feuilles des rosettes toutes ou presque toutes
   contractées ou en cœur à la base ; rarement
   plus d'une feuille caulinaire.   6
   Feuilles des rosettes toutes ou presque toutes
   atténuées à la base ; très souvent plus de deux
   feuilles caulinaires   12

6. Feuilles tachées de pourpre en dessus. .   .   .   7
   Feuilles non maculées en dessus   9

7. Jeune bouton conique au sommet. *H. ustulatum.*
   — E. brûlée. (II, 170)
   Bouton déprimé au sommet   8

8. Styles d'un jaune sale, un peu livides. *H. gen-*
   tile. — E. apparentée. (II, 170)
   Styles jaunes. *H. vernum.* — E. printanière.
   (II, 169)

9. Styles jaunes ; feuilles d'un vert cendré. *H. cine-*
   rascens. — E. cendrée. (II, 171)
   Styles d'un jaune sale   10

10. Péricline et pédoncules couverts de poils à
    glandes très jaunes   8
    Glandes du péricline brunes ou noires .   .   .   11

11. Feuilles ovales-aiguës, en cœur à la base ; tige
    chargée au sommet de poils noirs. *H. sylviva-*
    gum. — E. des forêts. (II, 171)
    Feuilles oblongues-aiguës, à peine cordiformes ;
    tige pubescente. *H. nemorense.* — E. des bois.
    (II, 172)

12. Feuilles tachées de pourpre en dessus . . . 13
    Feuilles non maculées en dessus 18

13. Jeune bouton conique 14
    Bouton déprimé au sommet 16

14. Péricline à poils glanduleux rares ou nuls. *H. cruentum*. — E. sanglante. (II, 172)
    Péricline muni de poils glanduleux très nombreux 15

15. Feuilles pourvues de dents longues et étalées. *H. elatum*. — E. élancée. (II, 173)
    Feuilles à dents très courtes, réduites souvent à un mucron calleux. *H. paucinævum*. — E. peu tachée. (II, 173)

16. Quatre à cinq feuilles caulinaires au moins, à dents longues et étalées. *H. bastardianum*.— E. de Bastard. (II, 174)
    Moins de quatre feuilles caulinaires, ou feuilles à dents courtes 17

17. Feuilles caulinaires ovales-lancéolées ou lancéolées; fleurs très grandes; péricline et tige munis de longs poils blancs, mous. *H. insigne.* — E. distinguée. (II, 175)
    Feuilles caulinaires largement ovales-aiguës. *H. nævuliferum*. — E. tachée. (II, 175)

18. Quatre ou cinq feuilles caulinaires au moins, vertes, ou feuilles à dents saillantes . . . 19
    Moins de quatre feuilles caulinaires, jaunâtres, rougissant quelquefois, ou dents peu saillantes. *H. flavidum*. — E. blonde. (II, 176)

19. Feuilles linéaires-lancéolées, acuminées. *H. acuminatum.* — E. acuminée. (II, 176)
Feuilles largement ovales-aiguës 16

20. Feuilles maculées de pourpre en dessus. *H. boræanum.* — E. de Boreau. (II, 177)
Feuilles non maculées en dessus 21

21. Folioles extérieures du péricline lâches ou étalées. 22
Folioles extérieures du péricline étroitement appliquées. 27

22. Folioles extérieures du péricline recourbées en dessous. 23
Folioles extérieures du péricline seulement dressées 24

23. Styles jaunes; péricline d'un vert clair. *H. umbelliforme.* — E. ombelliforme. (II, 182)
Styles un peu sales; péricline d'un vert sombre. *H. umbellatum.* — E. en ombelle. (II, 182)

24. Feuilles supérieures largement ovales-aiguës, sessiles, semi-embrassantes, presque en cœur, à base arrondie et bien plus large que la tige. *H. gallicum.* — E. de France. (II, 180)
Feuilles supérieures linéaires ou linéaires-lancéolées. 25

25. Akènes fauves; styles olivâtres; feuilles à dents saillantes, porrigées. *H. micans.* — E. brillante. (II, 180)
Akènes d'un pourpre noir 26

26. Feuilles minces, molles, d'un vert clair, longuement lancéolées, souvent très rapprochées au milieu de la tige; styles livides. *H. concinnum.* — E. mignonne. (II, 181)

Feuilles raides, vertes, linéaires-lancéolées, jamais rapprochées; styles jaunes. *H. rigens.* — E. raide. (II, 181)

27. Calathides supérieures en ombelle irrégulière. *H. pseudosciadium.* — E. en fausse ombelle. (II, 179)

Calathides en corymbe ou en panicule . . .   28

28. Akènes fauves; styles jaunes ou un peu sales; feuilles rudes sur les deux faces. *H. pictaviense.* — E. du Poitou. (II, 178)

Akènes d'un pourpre noir.   29

29. Péricline d'un vert clair, à peine tomenteux. *H. vendeanum.* — E. vendéenne. (II, 179]

Péricline d'un vert sombre, muni de poils glanduleux. *H. procerum.* — E. allongée. (II, 178)

371. ANDRYALA [Andryale].

A. sinuata. — A sinuée. (II, 183)

372. XANTHIUM [Lampourde].

X. spinosum. — L. épineuse. (II, 184)

373. LYSIMACHIA [Lysimaque].

1. Fleurs en grappes rameuses; tige pubescente, dressée. *L. vulgaris.* — L. commune. (II, 186)

Fleurs solitaires et axillaires; tiges glabres, rampantes   2

2. Calice à segments ovales-acuminés, en cœur
   à la base; feuilles orbiculaires, très obtuses.
   L. Nummularia. — L. Nummulaire. (II, 186)
   Calice à segments lancéolés-linéaires, subulés;
   feuilles ovales-aiguës. *L. nemorum*. — L. des
   bois. (II, 187)

374. ANAGALLIS [Mouron].

1. Pédoncules deux-trois fois plus longs que les
   feuilles; fleurs roses. *A. tenella*. — M. fluet.
   (II, 188)
   Pédoncules à peu près de la longueur des feuilles.   2

2. Fleurs rouges.. *A. arvensis*. — M. des champs.
   (II, 188)
   Fleurs bleues. *A. cerulæa*. — M. bleu. (II, 188)

375. CENTUNCULUS [Centenille].

C. minimus. — C. naine. (II, 189)

376. — ANDROSACE [Androsace].

A. maxima. — A. à grand calice. (II, 189)

377. PRIMULA [Primevère].

1. Fleurs solitaires sur des pédicelles radicaux. *P.
   grandiflora*. — P. à grandes fleurs. (II, 191)
   Pédoncule radical portant plusieurs fleurs pédicellées   2

2. Fleurs penchées, à limbe concave. *P. officinalis*.
   — P. officinale. (II, 190)
   Fleurs dressées, à limbe plan. *P. variabilis*. —
   P. variable. (II, 191)

378. HOTTONIA [Hottone].

H. palustris. — H. des marais. (II, 192)

379. CYCLAMEN [Cyclamen].

C. neapolitanum. — C. de Naples. (II, 193)

380. SAMOLUS [Samole].

S. Valerandi. — S. de Valerand. (II, 193)

381. UTRICULARIA [Utriculaire].

1. Eperon trois ou quatre fois plus long que large ;
   fleurs d'un beau jaune avec des stries oran-
   gées ; segments des feuilles capillaires, plus
   ou moins fortement dentés-épineux . . .   2
   Eperon réduit à un tubercule conique aussi
   large que long ; fleurs d'un jaune pâle, avec
   des stries ferrugineuses ; segments des feuilles
   à lobes sétacés, non dentés-épineux. *U. minor*.
   — U. naine. [II, 196)

2. Lèvre supérieure de la corolle aussi longue que
   le palais ; anthères soudées ; hampe grosse,
   fistuleuse. *U. vulgaris*. — U. commune. (II,
   195)

3. Lèvre supérieure une-deux fois plus longue que
   le palais ; anthères libres ; hampe grêle, à
   peine fistuleuse. *U. neglecta*. — U. négligée.
   (II, 196)

382. PLANTAGO [Plantain].

1. Hampe nue   2
   Tige pourvue de feuilles et de rameaux. *P.
   arenaria*. — P. des sables. (II, 201)

2. Feuilles ovales ou lancéolées   3
   Feuilles linéaires ou pennatifides   8

3. Feuilles pétiolées, plus ou moins dressées . .   4·
   Feuilles presque sessiles, en rosette appliquée
   sur la terre. *P. media.* — P. moyen. (II, 199)

4. Feuilles ovales   5
   Feuilles lancéolées   6

5. Epi atténué au sommet; corolle à lobes ovales-
   obtus; hampes dressées. *P. major.* — P. à
   larges feuilles. (II, 198)
   Epi obtus, lâche à la base; corolle à lobes lan-
   céolées-aigus; hampes arquées-ascendantes.
   P. intermedia. — P. intermédiaire. (II, 198)

6. Feuilles couvertes de poils blancs, soyeux. *P.
   eriophora.* — P. laineux. (II, 199)
   Feuilles glabres ou très peu velues.   7

7. Epi ovoïde. *P. lanceolata.* — P. lancéolé. (II,
   199)
   Epi cylindrique oblong. *P. Timbali.* — P. de
   Timbal. (II, 200)

8. Feuilles entières ou très peu dentées, carénées
   en dessous et très aiguës au sommet. *P. carinata.* — P. caréné. (II, 200)
   Feuilles pennatifides ou fortement dentées. *P.
   Coronopus.* — P. corne de cerf. (II, 201)

383. LITTORELLA [Littorelle].

L. lacustris. — L. des lacs. (II, 202)

384. EUXOLUS [Euxole].

E. viridis. — E. vert. (II, 204)

385. AMARANTHUS [Amaranthe].

Bractées membraneuses, plus courtes que le
   périgone à trois divisions. *A. Blitum*. — A.
   Blette. (II, 204)
Bractées comme épineuses, une fois plus longues
   que le périgone à cinq divisions. — *A. retro-
   flexus*. — A. recourbée. (II, 205)

386. POLYCNEMUM [Polycnème].

Bractées bien plus longues que le périgone.
   P. majus. — P. robuste. (II, 205)
Bractées égalant à peine la longueur du périgone.
   P. arvense. — P. des champs. (II, 206)

387. ATRIPLEX [Arroche].

Feuilles toutes atténuées en coin à la base. *A.
   patula*. — A. étalée. (II, 206)
Feuilles inférieures et moyennes hastées, tronquées à la base. *A. hastata*. — A. hastée.
   (II, 207)

388. CHENOPODIUM [Ansérine].

1. Feuilles entières, non dentées. 2
   Feuilles dentées, sinuées ou incisées. . . . 5

2. Feuilles pulvérulentes. 3
   Non 4

3. Tige anguleuse.   5
    Tige cylindrique; plante très fétide. *C. vulvaria.*
        — A. fétide. (II, 208)

4. Feuilles ovales-obtuses; grappes ramifiées. *C.*
        polyspermum. — A. à graines nombreuses.
        (II, 208)
    Feuilles supérieures lancéolées-aiguës; grappes
        en épi simple. *C. acutifolium.* — A. à feuilles
        aiguës. (II, 208)

5. Graines luisantes.   6
    Graines non luisantes.   9

6. Divisions de la fleur carénées sur le dos. . .   7
    Divisions de la fleur non carénées; fleurs trian-
        gulaires. *C. Bonus-Henricus.* — A. Bon-
        Henri. (II. 211)

7. Divisions de la fleur couvrant parfaitement le
        fruit.   8
    Divisions de la fleur laissant le fruit libre et ne
        le recouvrant qu'imparfaitement. *C. glaucum.*
        — A. glauque. (II, 210)

8. Feuilles arrondies, subtrilobées, très obtuses.
        C. opulifolium. — A. à feuilles d'Obier.
        (II, 209)
    Feuilles ovales. *C. paganum.* — A. des villages.
        (II, 208)

9. Divisions de la fleur couvrant complètement le
        fruit. *C. murale.* — A. des murs. (II, 209)
    Divisions de la fleur laissant le fruit libre et ne
        le recouvrant qu'imparfaitement.   10

10. Feuilles minces, jamais pulvérulentes; fleurs en grappes étalées. *C. hybridum.* — A. hybride. (II, 210)

Feuilles un peu épaisses, plus ou moins munies de points farineux en dessous; fleurs en grappes dressées contre la tige. *C. intermedium.* — A. intermédiaire. (II, 209)

389. BLITUM [Blette].

B. rubrum. — B. rouge. (II, 211).

390. RUMEX [Patience].

1. Feuilles hastées ou sagittées. 2
Non. 4

2. Feuilles ovales-suborbiculaires, très glauques sur les deux faces; tiges couchées et redressées. *R. scutatus.* — P. à écussons. (II, 217)
Feuilles vertes, au moins en dessus; tige droite. 3

3. Oreillettes des feuilles dirigées en bas, presque parallèlement au pétiole. *R. Acetosa.* — P. Oseille. (II, 217)
Oreillettes étalées et recourbées en haut vers le limbe. *R. Acetosella.* — P. petite Oseille. (II, 218).

4. Divisions internes du périgone fructifère munies de chaque côté de deux ou plusieurs dents sétacées ou triangulaires-acuminées. . . . 5
Divisions internes du périgone fructifère entières ou seulement denticulées à la base. . . . 9

5. Une feuille florale sous chaque verticille de fleurs. 6
  Tous ou presque tous les verticilles dépourvus
  de bractées. 8

6. Rameaux divariqués; feuilles inférieures échancrées des. deux côtés en forme de violon.
  R. pulcher. — P. violon. (II, 215)
  Rameaux non divariqués; feuilles inférieures
  non échancrées. 7

7. Verticilles de fleurs formant une grappe interrompue; divisions internes du périgone pourvues de dents plus courtes que le limbe. *R.*
  palustris. — P. des marais. (II, 213)
  Verticilles de fleurs confluents; dents des divisions internes du périgone aussi longues ou
  plus longues que le limbe. *R. maritimus.* —
  P. maritime. (II, 213)

8. Feuilles inférieures échancrées de chaque côté
  comme un violon. 6
  Feuilles non échancrées. *R. obtusifolius.* — P.
  à feuilles obtuses. (II, 215)

9. Divisions internes du périgone presque une fois
  plus longues que larges. 10
  Divisions internes du périgone ovales en cœur,
  aussi larges ou presque aussi larges que longues. 11

10. Toutes les divisions périgonales munies d'une
  callosité. *R. conglomeratus.*— P. agglomérée.
  (II, 214)
  Une seule des divisions périgonales munie d'une
  callosité. *R. nemorosus.*—P. des bois. (II, 214)

16

11. Feuilles radicales longues de quatre-huit décim.,
atténuées aux deux bouts et longuement
décurrentes sur le pétiole. *R. Hydrolapa-
thum*. — P. des rivières. (II, 216)
Non.   12

12. Feuilles radicales étroitement lancéolées, ondu-
lées-crépues, atténuées ou tronquées à la
base ; presque toutes les valves du fruit munies d'un tubercule à la base. *R. crispus*. —
P. crépue. (II, 215)
Feuilles radicales ovales-lancéolées, planes,
finement ondulées aux bords, brusquement
contractées en un pétiole long et canaliculé
en dessus ; une seule valve du périgone fructifère munie d'une callosité. *R. Patientia*. —
P. officinale. (II, 216)

391. POLYGONUM [Renouée].

1. Fleurs formant des épis plus ou moins denses
à l'extrémité de la tige et des rameaux. . .   2
Fleurs fasciculées à l'aisselle des feuilles. . .   7

2. Divisions périgonales nerviées ou pourvues de
points glanduleux. . . . , ...   3
Non.   5

3. Gaine très distinctement ciliée ; épis grêles,
courbés en arc. *P. Hydropiper*. — R. Poivre
d'eau. (II, 221)
Gaine nullement ou obscurément et brièvement
ciliée ; épis rarement un peu penchés. . .   4

4. Epis gros, courts, dressés ; tige peu ou point
   gonflée aux nœuds. *P. lapathifolium.* — R. à
   feuilles de Patience. (II, 219)
   Epis lâches, un peu penchés ; tige gonflée aux
   nœuds. *P. nodosum.* — R. à tige noueuse.
   (II, 219)

5. Pédoncules communs sillonnés ; feuilles un peu
   en cœur. *P. amphibium.* — R. amphibie.
   (II, 219)
   Pédoncules lisses ; feuilles non cordiformes.   .   6

6. Epis filiformes et lâches ; feuilles linéaires ou
   linéaires-lancéolées. *P. minus.* — R. naine.
   (II, 220)
   Epis oblongs, cylindriques, épais ; feuilles
   ovales, elliptiques ou lancéolées. *P. Persi-
   caria.* — R. Persicaire. (II, 220)

7. Feuilles profondément en cœur et sagittées,
   longuement pétiolées. **8**
   Feuilles ni sagittées ni longuement pétiolées. .   9

8. Divisions externes du périgone munies d'une
   carène ailée ; tige lisse, cylindrique. *P. dumetorum.* — R. des buissons. (II, 224)
   Divisions externes du périgone obscurément
   carénées ; tige anguleuse, striée. *P. Convolvulus.* — R. Liseron. (II, 224)

9. Rameaux floraux feuillés jusqu'au sommet ou
   tige couchée ou étalée.   10
   Rameaux floraux presque nus, en grappe interrompue ; tige solitaire, dressée. *P. Bellardi.*
   — R. de Bellard. (II, 223)

10. Tige étalée ou couchée. 11
Tige droite ou dressée. 15

11. Tige et rameaux très feuillés. 12
Tige presque sans feuilles. *P. denudatum.* — R. dénudée. (II, 222)

12. Feuilles lancéolées, élargies, souvent ovales. . 13
Feuilles linéaires. *P. microspermum.* — R. à petites graines. (II, 223)

13. Rameaux très-longs, couchés presque parallèlement. 14
Rameaux un peu ascendants, divergents en tous sens. *P. aviculare.* — R. des oiseaux. (II, 221)

14. Feuilles ovales-oblongues, très rapprochées sur les rameaux. *P. arenastrum.* — R. des graviers. (II, 222)
Feuilles oblongues, espacées sur les rameaux. *P. humifusum.* — R. couchée. (II, 223)

15. Feuilles assez larges, ovales ou elliptiques. *P. agrestinum.* — R. agreste. (II, 222)
Feuilles linéaires ou lancéolées. *P. rurivagum.* — R. des guérets. (II, 223)

392. VISCUM [Gui].

V. album. — G. blanc. (II, 226)

393. THESIUM [Thésion].

T. humifusum. — T. couché. (II, 227)

394. BETULA [Bouleau].

B. verrucosa. — B. verruqueux. (II, 228)

395. ALNUS [Aulne].

A. glutinosa. — A. glutineux. (II, 229)

36. CORYLUS [Coudrier].

C. Avellana. — C. Noisetier. (II, 231)

397. CARPINUS [Charme].

C. Betulus. — C. commun. (II, 232)

398. QUERCUS [Chêne].

1. Feuilles caduques, non épineuses. 2
   Feuilles toujours vertes, persistantes, très en-
   tières ou fortement dentées-épineuses. *Q.
   Ilex.* — C. Yeuse. (II, 336)

2. Feuilles pétiolées ; pédoncules courts. . . . 3
   Feuilles sessiles ou très brièvement pétiolées ;
   pédoncules très-allongés. *Q. pedunculata.* —
   C. pédonculé. (II, 234).

3. Cupules à écailles imbriquées. 4
   Cupules à écailles linéaires, libres au sommet et
   recourbées au dehors. *Q. Cerris.* — C. Cerris.
   (II, 336)

4. Feuilles à la fin glabres. *Q. sessiliflora.* — C. à
   fleurs sessiles. (II, 234)
   Feuilles plus ou moins tomenteuses ou pubescentes. 5

5. Cupules à écailles un peu lâches au sommet ;
   feuilles à duvet fauve-tomenteux en dessous,
   parsemées en dessus de poils étalés. *Q. Toza.*
   — C. Tauzin. (II, 235)

Cupules à écailles apprimées ; feuilles adultes
   pubescentes-blanchâtres en dessous, glabres
   ou glabrescentes en dessus. *Q. pubescens.* —
   C. pubescent. (II, 235)

399. FAGUS [Hêtre].

F. sylvatica. — H. des forêts. (II, 237)

400. CASTANEA [Châtaignier].

C. vulgaris. — C. commun. (II, 237)

401. FICUS [Figuier].

F. Carica. — F. commun. (II, 239)

401 *(bis)*. HUMULUS [Houblon].

H. Lupulus. — H. grimpant. (II, 240)

402. ULMUS [Orme].

1. Graine placée vers le sommet du fruit sous
   l'échancrure.   2
   Graine placée vers le milieu du fruit. *U. major.*
   — O. à larges feuilles. (II, 241)

2. Feuilles ovales-acuminées ; fruit assez petit.   .   3
   Feuilles cuspidées ; fruit suborbiculaire, large de
   près de vingt millim. *U. corylifolia.* — O.
   Coudrier. (II, 243)

3. Arbre élevé, à rameaux dressés. *U. campestris.*
   — O. champêtre. (II. 242)
Arbre petit, à rameaux tortueux.   4

4. Ecorce subéreuse ; fruit plan. *U. suberosa.* —
   O. subéreux. (II. 242)
Ecorce non subéreuse ; fruit ondulé *U. minor.*
   — O. nain. (II, 242)

403. JUNIPERUS [Genévrier].

J. communis. — G. commun. (II, 244)

MONOCOTYLÉDONES.

---

404. ALISMA [Fluteau].

1. Carpelles disposés sur plusieurs rangs, en tête
   globuleuse.   2
Carpelles disposés sur un seul rang. . . .   3

2. Feuilles toutes radicales ; tige dressée ou couchée, non radicante, terminée par l'ombelle.
   A. ranunculoides. — F. Renoncule. (II, 248)
Tige centrale dressée, les autres couchées et
   produisant aux nœuds des racines, des feuilles
   et des fleurs. *A. repens.* — F. rampant.
   (II,249)

3. Tiges filiformes, rampantes ou flottantes ; fleurs axillaires, blanches. *A. natans.*— F. nageant. (II, 248)
Tiges fortes, dressées, nues ; fleurs rosées, en verticilles bractéolés 4

4. Feuilles échancrées en cœur ou arrondies à la base. *A. Plantago.* — F. Plantain d'eau. (II, 247)
Feuilles à limbe atténué aux deux bouts. *A. lanceolatum.* — F. lancéolé. (II, 248)

405. DAMASONIUM [Damasonie].

D. stellatum. — D. étoilée. (II, 250)

406. SAGITTARIA [Sagittaire]. ·

S. sagittæfolia. — S. flèche d'eau. (II, 250)

407. BUTOMUS [Butome].

B. umbellatus. — B. en ombelle. (II, 251)

408. POTAMOGETON [Potamot].

1. Feuilles, les unes flottantes, les autres submergées, différant par leur forme et leur consistance 2
Feuilles ordinairement toutes submergées, ne différant que par leur largueur. 5

2. Pédoncules bien plus gros que la tige, renflés de la base au sommet ; feuilles flottantes ovales-oblongues, les submergées linéaires. *P. heterophyllus.* — P. hétérophylle. (II, 254)
Pédoncules de même grosseur que la tige, cylindriques ou peu renflés au sommet . . . 3

3. Feuilles flottantes à limbe arrondi ou légèrement
    en cœur à la base, et formant deux plis sail-
    lants pour s'unir au pétiole.   4
    Feuilles flottantes à limbe légèrement décurrent
    sur le pétiole sans former de plis. *P. fluitans.*
    — P. flottant. (II, 253)

4. Epi lâche ; feuilles inférieures étroites et réduites
    au pétiole après la fructification. *P. natans.*
    — P. nageant. (II, 253)
    Epi petit, compacte ; feuilles inférieures atté-
    nuées aux deux bouts, à limbe persistant.
    P. polygonifolius. — P. à feuilles de Renouée.
    (II, 254)

5. Feuilles toutes opposées, distiques, sessiles et
    amplexicaules. *P. densus.* — P. serré. (II, 257)
    Feuilles inférieures alternes, les supérieures
    opposées   6

6. Feuilles ovales ou oblongues, membraneuses-
    pellucides   7
    Feuilles linéaires, graminiformes.   10

7. Feuilles plus ou moins pétiolées.   8
    Feuilles sessiles ou embrassantes.   9

8. Pédoncules grêles, de la grosseur de la tige ;
    feuilles flottantes ovales, les inférieures lan-
    céolées - obovales. *P. plantagineus.* — P.
    Plantain. (II, 254)
    Pédoncules renflés, bien plus gros que la tige ;
    feuilles oblongues-lancéolées. *P. lucens.* —
    P. luisant. (II, 255)

9. Carpelles à bec recourbé aussi long qu'eux-mêmes ; feuilles linéaires-oblongues, fortement crispées. *P. crispus.* — P. crispé. (II, 255)

Carpelles à bec court ; feuilles largement ovales ou ovales-lancéolées, échancrées en cœur et demi-embrassantes. *P. perfoliatus.* — P. perfolié. (II, 255)

10. Stipules soudées avec la partie inférieure de la feuille et formant une gaîne qui entoure la tige ; carpelles gros, demi-circulaires, un peu comprimés. *P. pectinatus.* — P. pectiné. (II, 257)

Point de gaîne à la base des feuilles ; stipules soudées entre elles seulement. 11

11. Pédoncule fructifère à peine aussi long que l'épi. *P. obtusifolius.* — P. à feuilles obtuses. (II, 256)

Pédoncule fructifère deux-quatre fois plus long que l'épi 12

12. Ordinairement un seul carpelle à bord externe très convexe-tuberculeux ; feuilles capillaires ; une étamine. *P. tuberculatus.* — P. tuberculeux. (II, 257)

Ordinairement quatre carpelles lisses, presque globuleux ; feuilles linéaires - étroites. *P. pusillus.* — P. fluet. (II, 256)

409. NAIAS [Naïade].

N. major. — N. majeure. (II, 258)

409 *bis*. CAULINIA [Caulinie].

C. fragilis. — C. fragile. (II, 259)

410. ZANICHELLIA [Zanichellie].

Fruits surmontés par un style qui les égale ou
dépasse la moitié de leur longueur; stigmate
discoïde. *Z. palustris*. — Z. des marais.
(II, 260)

Style de moitié plus court que le fruit; stigmate
presque discoïde. *Z. repens*. — Z. rampante.
(II, 259)

411. TRIGLOCHIN [Troscart].

T. palustre. — T. des marais. (II, 261)

412. HYDROCHARIS [Morrêne].

H. morsus-ranæ. — M. aquatique. (II, 262)

413. IRIS [Iris].

1. Fleurs d'un beau jaune. *I. Pseudo-Acorus*. — I.
faux Acore. (II, 265)
Fleurs bleues ou violettes.   2

2. Fleurs presque sessiles dans une spathe à feuilles
obtuses, scarieuses dans les deux tiers supérieurs. *I. germanica*. — I. d'Allemagne. (II,
264)
Fleurs longuement pédonculées dans une spathe
à feuilles scarieuses aux bords, acuminées,
très aiguës. *I. fœtidissima*. — I. fétide. (II, 265)

414. GLADIOLUS [Glayeul].

G. illyricus. — G. d'Illyrie. (II, 266)

415. COLCHICUM [Colchique].

C. autumnale. — C. d'automne. (II, 267)

416. NARCISSUS [Narcisse].

1. Fleurs entièrement jaunes, à couronne campanulée, de même longueur que les divisions
périgonales. *N. Pseudo-Narcissus.* — N. faux
Narcisse. (II, 269)
Couronne plus courte que les divisions périgonales   2

2. Couronne bordée de rouge. *N. poeticus.* — N.
des poètes. (II, 270)
Couronne non bordée de rouge ; fleurs ordinairement géminées. *N. biflorus.* — N. à deux
fleurs. (II, 270)

417. SPIRANTHES [Spiranthe].

Feuilles radicales lancéolées-linéaires, entourant
la base de la tige. *S. æstivalis.* — S. d'été.
(II, 272)
Feuilles radicales ovales ou ovales-oblongues,
disposées en rosette latérale par rapport à la
tige, les caulinaires bractéiformes. *S. autumnalis.* — S. d'automne. (II, 273)

418. EPIPACTIS [Epipactide].

1. Feuilles lancéolées, aiguës ; fleurs pendantes ;
plante des marais. *E. palustris.* — E. des
marais. (II, 274)
Feuilles élargies ; fleurs étalées ; plante des lieux
secs.   2

2. Fleurs rouges en dedans et en dehors. *E. atro-
rubens.* — E. rouge. (II, 274)
Fleurs d'un blanc verdâtre extérieurement,
rougeâtres à l'intérieur. *E. latifolia.* — E. à
larges feuilles. (II, 273)

419. LISTERA [Listère].

L. ovata. — L. ovale. (II, 275)

420. CEPHALANTHERA [Céphalanthère].

Fleurs rouges; ovaire pubescent. *C. rubra.* —
C. rouge. (II, 276)
Fleurs blanches; ovaire glabre. *C. ensifolia.* —
C. à feuilles en glaive. (II, 275)

421. NEOTTIA [Neottie].

N. Nidus-avis. — N. Nid-d'oiseau. (II, 277)

422. LIMODORUM [Limodore].

L. abortivum. — L. à feuilles avortées. (II, 277)

423. ORCHIS [Orchis].

1. Tubercules radicaux, ovoïdes ou globuleux . . 2
Tubercules palmés ou bifurqués 13

2. Divisions externes du périgone conniventes en
casque 3
Divisions externes du périgone étalées ou réfléchies en forme d'ailes. 10

3. Casque aigu en avant; labelle à quatre lobes,
avec une petite pointe dans l'échancrure du
milieu 4
Casque obtus en avant, ou labelle à trois-quatre
lobes sans pointe médiane 7

4. Casque d'un blanc rosé-cendré en dessus. . . 5
   Casque purpurin ou d'un pourpre noir au moins
   aux fleurs du sommet. 6

5. Divisions de l'extrémité du labelle linéaires. *O. Simia.* — O. singe. (II, 280)
   Divisions de l'extrémité du labelle arrondies. *O. militaris.* — O. militaire. (II, 280)

6. Casque d'un pourpre noir ; lobe moyen du labelle
   large, brièvement et insensiblement atténué
   à la base. *O. fusca.* — O. brun. (II, 281)
   Casque purpurin; lobe moyen du labelle longuement et brusquement contracté. *O. hybrida.*
   — O. hybride. (II, 281)

7. Epi serré, d'un pourpre noir au sommet ; épe-
   ron bien plus court que l'ovaire. *O. ustulata.*
   — O. brûlé. (II, 279)
   Epi jamais d'un pourpre noir au sommet. . . 8

8. Fleurs d'un rouge livide. 9
   Fleurs rosées, violacées ou blanches. *O. Morio.*
   — O. bouffon. (II, 278)

9. Divisions du périgone soudées en casque aigu ;
   fleurs à odeur de punaise. *O. coriophora.* —
   O. punaise. (II, 278)
   Divisions du périgone libres, les externes non
   contiguës; odeur agréable. *O. fragrans.* — O.
   suave. (II, 279)

10. Toutes les bractées à une seule nervure ; feuilles souvent maculées de brun. *O. mascula.* — O. mâle. (II, 282)
    Bractées, au moins les inférieures, à trois-cinq nervures **11**

11. Labelle à trois lobes, dont le moyen égale ou dépasse les latéraux **12**
    Labelle trilobé, à lobe moyen plus court que les latéraux ou même presque nul ; divisions externes du périgone dressées. *O. laxiflora.* — O. à fleurs lâches. (II, 283)

12. Bractées plus courtes que l'ovaire, les supérieures uninerviées ; divisions externes du périgone dressées. *O. palustris.* — O. des marais. (II, 282)
    Bractées plus longues que l'ovaire ; divisions externes du périgone étalées horizontalement. *O. alata.* — O. ailé. (II, 282)

13. Fleurs d'un blanc lilas ou rosées ; labelle plan ; feuilles ordinairement maculées. *O. maculata.* — O. maculé. (II, 284)
    Fleurs purpurines ou roses ; labelle déjeté sur les côtés, plié en deux **14**

14. Feuilles inférieures ovales-oblongues, lâches ; fleurs d'un rose clair ou roses en épi serré. *O. latifolia.* — O. à larges feuilles. (II, 283)
    Feuilles dressées, lancéolées, insensiblement rétrécies jusqu'au sommet ; fleurs purpurines en épi un peu lâche. *O. incarnata.* — O. incarnat. (II, 284)

424. GYMNADENIA [Gymnadénie].

Eperon presque deux fois plus long que l'ovaire. *G. conopsea*. — G. moucheron. (II, 275)

Eperon à peine aussi long que l'ovaire. *G. odoratissima*. — G. odorante. (II, 285)

425. ANACAMPTIS [Anacamptide].

A. pyramidalis. — A. pyramidale. (II, 286)

426. PLATANTHERA [Platanthère].

Eperon subulé; loges des anthères rapprochées, parallèles. *P. bifolia*. — P. à deux feuilles. (II, 287)

Eperon en massue grêle; loges des anthères divergentes à la base et non parallèles. *P. chlorantha*. — P. jaunâtre. (II, 287)

427. HABENARIA [Habénaire].

H. viridis. — H. vert. (II, 288)

428. HYMANTOGLOSSUM [Hymantoglosse].

H. hircinum. — H. à odeur de bouc. (II, 289)

429. ACERAS [Acéras].

A. anthropophora. — A. homme-pendu. (II, 289)

430. OPHRYS [Ophrys].

1. Lobes supérieurs du périgone verdâtres . . .   2

Lobes supérieurs du périgone roses   3

2. Labelle à trois-quatre lobes distincts. *O. myodes*. — O. mouche. (II, 290)

Labelle large, concave, indivis ou muni de deux

dents latérales peu saillantes. *O. aranifera.*
— O. araignée. (II, 290)

3. Appendice de l'extrémité du labelle dirigé en
dessus. *O. arachnites.* — O. fausse araignée.
(II, 291)
Appendice de l'extrémité du labelle dirigé en
dessous. *O. apifera.* — O. abeille. (II, 292)

431. SERAPIAS [Elléborine].

S. cordigera. — E. en cœur. (II, 292)

432. TAMUS [Tamier].

T. communis. — T. commun. (II, 294)

433. TULIPA [Tulipe].

T. celsiana. — T. de Cels. (II, 295)

434. FRITILLARIA [Fritillaire].

F. Meleagris. — F. pintale. (II, 296)

435. SCILLA [Scille].

1. Fleurs en ombelle, munies de bractées. *S. verna.*
— S. du printemps. (II, 297)
Fleurs en grappes. 2

2. Trois feuilles au plus, linéaires-lancéolées, presque aussi longues que la tige ; fleurs printa-
nières. *S. bifolia.* — S. à deux feuilles.
(II, 297)
Trois feuilles au moins, linéaires-filiformes,
presque une fois plus courtes que la tige ;
fleurs de fin d'été. *S. autumnalis.* — S. d'automne. (II. 297)

17

436. ALLIUM [Ail].

1. Divisions du périgone étalées en étoile. . . 2
Divisions du périgone campanulées, souvent conniventes. 3

2. Fleurs blanches; feuilles planes-élargies. *A. ursinum*. — A. des ours. (II, 304)
Fleurs roses; feuilles linéaires. *A. Schœnoprasum.* — A. Civette. (II, 301)

3. Spathe dépassant à peine le capitule fleuri, ou plus courte. 4
Spathe beaucoup plus longue que le capitule fleuri. 9

4. Fleurs grandes, d'un très beau rose; tige nue ou à peine feuillée à la base. *A. roseum.* — A. rose. (II, 302)
Fleurs n'étant pas d'un beau rose. 5

5. Feuilles ayant au moins un centimètre de largeur, planes; tête de fleurs très fournie. *A. polyanthum.* — A. multiflore. (II, 298)
Feuilles linéaires-étroites. 6

6. Fleurs d'un beau rouge, non accompagnées de bulbilles. 7
Capitule formé de bulbilles seulement, ou de fleurs entremêlées de bulbilles. 8

7. Fleurs d'un beau rouge pourpre, en capitule toujours arrondi. *A. spherocephalum.* — A. à tête ronde. (II, 299)
Fleurs d'un rouge vineux ou d'un rouge pâle,

en capitule d'abord arrondi, puis ovoïde.
A. Deseglisei. — A. de Déséglise. (II, 299)

8. Bulbilles fusiformes; fleurs blanchâtres. *A.
nitens.* — A. brillant. (II, 301)
Bulbilles ovoïdes; fleurs rosées. *A. vineale.* —
A. des vignes. (II, 300)

9. Capitule portant des fleurs et des bulbilles. . 10
Capitule dépourvu de bulbilles; fleurs très nom-
breuses. *A, paniculatum.* — A. paniculé.
(II, 303)

10. Feuilles semi-cylindriques, canaliculées en
dessus. *A. oleraceum.* — A. des cultures.
(II, 302)
Feuilles planes dans leur moitié supérieure. *A.
complanatum.* — A. à feuilles planes. (II,
302)

437. ORNITHOGALUM [Ornithogale].

1. Fleurs jaunâtres, en épi; tige élevée. *O. sulfu-
reum.* — O. soufré (II, 305)
Fleurs d'un beau blanc, en corymbe ombelliforme. 2

2. Feuilles dressées dans leur jeunesse; graines
noirâtres, superficiellement réticulées. *O. angustifolium.*— O. à feuilles étroites. (II, 304)
Feuilles toujours étalées; graines noires, très
finement chagrinées. *O. affine.* — O. voisin.
(II, 305)

438. GAGEA [Gagée].

Feuilles bractéales opposées ; divisions du périgone aiguës, pubescentes, surtout à la base et au sommet. *G. arvensis.* — G. des champs. (II, 306)

Feuilles bractéales alternes, divisions du périgone obtuses, glabres au sommet. *G. saxatilis.* — G. dés rochers. (II, 306)

439. ENDYMION [Endymione].

E. nutans. — E. penchée. (II, 307)

440. MUSCARI [Muscari].

1. Epi à la fin très allongé, lâche, portant une touffe de fleurs stériles au sommet. *M. comosum.* — M. à toupet. (II, 308)

Epi ovoïde, court, dépourvu de fleurs stériles au sommet. 2

2. Fleurs odorantes ; feuilles semi-cylindriques, jonciformes et étalées. *M. racemosum.* — M. à grappes. (II, 308)

Fleurs presque inodores ; feuilles largement linéaires, canaliculées, plus ou moins dressées. *M. botryoides.* — M. raisin. (II, 308)

441. SIMETHIS [Siméthide].

S. bicolor. — S. bicolore. (II, 309)

441 *bis.* PHALANGIUM [Phalangère].

Style droit; capsule globuleuse, obtuse. *P. ramo-
sum.* — P. rameuse. (II, 309).
Style arqué; capsule ovoïde, aiguë. *P. liliago.*
— P. fleur de Lis. (II, 310)

442. ASPHODELUS [Asphodèle].

A. sphærocarpus. — A. à fruits sphériques.
(II, 310)

443. POLYGONATUM [Sceau de Salomon].

Etamines à filets glabres; tige anguleuse. *P.
vulgare.* — S. commun. (II, 311)
Etamines à filets poilus; tige subcylindrique.
P. mutiflorum. — S. multiflore. (II, 311)

444. CONVALLARIA [Muguet].

C. maialis. — M. de mai. (II, 312)

445. ASPARAGUS [Asperge].

A. officinalis. — A. officinale. (II, 313)

446. RUSCUS [Fragon].

R. aculeatus. — F. piquant. (II, 313)

447. JUNCUS [Jonc].

1. Tiges stériles simulant des feuilles radicales;
    inflorescence pseudo-latérale.   2
    Tiges stériles nulles et remplacées par des fasci-
    cules de feuilles; inflorescence terminale et
    sans apparence pseudo-latérale.   5

2. Trois étamines 3
   Six étamines 4

3. Fleurs en anthèle très compacte. *J. conglome-
   ratus.* — **J.** aggloméré. (II, 315)
   Anthèle à rameaux diffus. *J. effusus.* — **J.** étalé.
   (II, 316)

4. Fleurs solitaires, à rameaux diffus ; tiges de cinq-
   six décim., glauques, striées, à moelle interrompue. *L. glaucus.* — **J.** glauque. (II, 316)
   Fleurs en glomérules ; anthèle dressée ; tige de
   six-dix décim., pleines, incompressibles, non
   striées. *J. maritimus.* — **J.** maritime. (II,
   315)

5. Racine fibreuse ; plantes annuelles 6
   Souche à rhizomes traçants ; plantes vivaces. 9

6. Fleurs triandres, réunies en glomérules . . . 7
   Fleurs solitaires, en panicule très lâche . . . 8

7. Périgone à divisions droites, conniventes, linéaires, insensiblement atténuées en pointe
   courte ; feuilles radicales presque aussi longues
   que la tige. *J. pygmæus.* — **J.** pygmée. (II,
   318)
   Périgone à divisions ovales-lancéolées, brusquement terminées en pointe sétacée, recourbée,
   aussi longue que le limbe ; feuilles toutes radicales, bien plus courtes que la tige. *J. capi-
   tatus.* — **J.** en tête. (II, 317)

8. Capsule globuleuse, obscurément trigone, à peu
   près de même longueur que le périgone ;

feuilles à gaine auriculée. *J. Tenageia*. — J.
inondé. (II, 317)

Capsule oblongue, deux fois aussi longue que
large, presque de moitié, plus courte que le
périgone; feuilles à gaine non auriculée. *J.
bufonius*. — J. des crapauds. (II, 317)

9. Fleurs solitaires, formant une anthèle grêle, interrompue; feuilles n'étant pas noueuses;
capsule subglobuleuse une fois plus longue
que le périgone. *J. compressus*. — J. comprimé. (II, 318)

Fleurs en petits capitules, ou feuilles paraissant
noueuses quand on les fait glisser entre les
doigts   10

10. Capsule tronquée, à peu près de la longueur du
périgone; feuilles étroitement canaliculées en
dessus; fleurs triandres; plante polymorphe.
J. supinus. — J. couché. (II, 319)

Capsule aiguë ou mucronée; feuilles cylindri-
ques-comprimées, non canaliculées . . .   11

11. Toutes les divisions du périgone obtuses; fleurs
pâles. *J. obtusiflorus*. — J. à fleurs obtuses.
(II, 322)

Trois des divisions ou toutes les divisions du
périgone aiguës   12

12. Bractées blanches-membraneuses; divisions du
périgone toutes allongées et dépassant la capsule; plante glauque. *J. heterophyllus*. — J.
à feuilles variées. (II, 321)

Divisions du périgone plus courtes que la capsule; plantes peu ou pas glauques   13

13. Tiges et rameaux striés-rudes. *J. striatus.* —
J. strié. (II, 320)
Non.   14

14. Divisions intérieures du périgone obtuses, les
extérieures aiguës.   15
Toutes les divisions du périgone aiguës . . .   16

15. Tige couchée ou ascendante ; feuilles un peu
comprimées ; panicule étalée ; fleurs assez
grandes. *J. lampocarpus.* — J. à fruits lustrés.
(II, 321)
Tige droite, ancipitée à la base, ainsi que les
feuilles ; panicule étroite ; fleurs très petites.
J. anceps. — J. à deux tranchants. (II, 319)

16. Fleurs petites ; lobes intérieurs du périgone à
pointe déjetée en dehors. *J. acutiflorus.* — J.
à fleurs aiguës. (II, 320)
Fleurs assez grandes ; lobes du périgone tous à
pointe dressée.   17

17. Anthèle à rameaux divergents ; capsule oblongue
égalant le périgone. *J. brevirostris.* — J. à
bec court. (II, 320)
Anthèle à rameaux dressés ; capsule ovoïde-
lancéolée, dépassant le périgone. *J. raura-*
nensis. — J. de Rom. (II, 321)

448. LUZULA |Luzule|.

1. Fleurs solitaires sur les rameaux ou à leur extrémité ; graines portant au sommet un appendice presque aussi long qu'elles.   2
Fleurs rapprochées en glomérules.   3

2. Rameaux étalés ou réfractés à la maturité, ainsi
    que les pédoncules; feuilles ayant sept-dix
    millim. de largeur. *L. pilosa.* — L poilue.
    (II, 323)
    Rameaux dressés à la maturité, ainsi que les
    pédoncules; feuilles de deux-cinq millim. de
    largeur. *L. Forsteri.* — L. de Forster. (II, 322)

3. Anthèle grande, étalée-diffuse. *L. maxima.* —
    L. à larges feuilles. (II, 323)
    Anthèle plus ou moins compacte ou à rameaux
    étalés-dressés   4

4. Souche cespiteuse, à racines fibreuses. *L. multi-
    flora.* — L. multiflore. (II, 324)
    Souche stolonifère. *L. campestris.* — L. des
    champs. (II, 323)

449. TYPHA [Massette].

1. Epi mâle et épi femelle, contigus ou très-rappro-
    chés.   2
    Epis sensiblement éloignés l'un de l'autre. *T.
    angustifolia.* — M. à feuilles étroites. (II,
    326)

2. Feuilles glaucescentes, larges de plus de deux
    centimètres. *T. latifolia.* — M. à larges
    feuilles. (II, 325)
    Feuilles vertes, larges d'un centimètre. *T. elata.*
    — M. élevée. (II, 326)

450. SPARGANIUM [Rubanier].

1. Fleurs réunies en capitules globuleux, formant

une grappe terminale rameuse. *S. ramosum.*
— R. rameux. (II, 327)
Capitules formant une grappe simple.   .   .   .   2

2. Feuilles dressées, triquêtres à la base et à faces
   latérales planes. *S. simplex.* — R. simple. (II,
   327)
Feuilles tombantes ou flottantes, planes dans
   toute leur longueur. *S. minimum.* — R. nain.
   (II, 327)

451. LEMNA [Lentille d'eau]

1. Frondes triangulaires-lancéolées. *L trisulca.* —
   L. à trois lobes. (II, 327)
Frondes ovales ou arrondies, sans lobes pointus.   2

2. Point de radicelles. *L. arhiza.* — L. sans ra-
   cines. (II, 330)
Une seule radicelle   3
Plusieurs radicelles en faisceau. *L. polyrhiza.* —
   L. à plusieurs racines. (II, 329)

3. Frondes planes ou très légèrement convexes.
   L. minor. — L. exiguë. (II, 329)
Frondes fortement gonflées en dessous. *L. gibba.*
   — L. gonflée. (II, 329)

452. ARUM [Gouet].

Spathe verdâtre, quelquefois bordé de violet ;
   spadice à rangées de filaments au-dessus des
   étamines, et se terminant en massue violette.
   A. maculatum. — G. maculé. (II, 331)
Spathe jaunâtre ; spadice à filaments au-dessus

et au-dessous des étamines, et se terminant en massue jaunâtre. *A. italicum.* — G. d'Italie (II, 331)

453. CYPERUS [Souchet].

1. Racine fibreuse ; plante ne dépassant pas trois décimètres. 2
   Souche épaisse, longuement rampante ; plante de huit-douze décimètres. *C. longus.* — S. long. (II, 334)

2. Trois stigmates ; écailles brunâtres ; tiges triquêtres. *C. fuscus.* — S. brun. (II, 334)
   Deux stigmates ; écailles roussâtres ; tiges à peine trigones. *C. flavescens.* — S. jaunâtre. (II, 333)

454. SCHOENUS [Choin].

S. nigricans. — C. noirâtre. (II, 335)

455. CLADIUM [Cladie].

C. Mariscus. — C. marisque. (II, 336)

456. ELEOCHARIS [Eléocharide].

1. Racine ou souche fibreuse. 2
   Souche longuement rompante. *E. palustris.* — E. des marais. (II, 336)

2. Epi oblong ; souche courte. *E. multicaulis.* — E. multicaule. (II, 337)
   Epi ovoïde ou subglobuleux ; racine fibreuse, annuelle 3

3. Tiges sillonnées, tétragones ; trois stigmates.
E. acicularis. — E. épingle. (II, 337)
Tiges arrondies ou peu comprimées ; deux sti-
gmates. *E. ovata*. — E. ovoïde. (II, 337)

457. SCIRPUS [Scirpe].

1. Un seul glomérule terminant la tige et les rameaux ; tiges couchées ou flottantes. *S. flui-*
tans. — S. flottant. (II, 338)
Deux ou un plus grand nombre de glomérules,
ou un seul latéral sur une tige dressée   .   .   2

2. Chaumes non feuillés, arrondis   3
Chaumes feuillés, triquêtres.   6

3. Racine fibreuse ; chaumes filiformes. *S. setaceus*.
— S. sétacé. (II, 338)
Souche oblique ou rampante ; plante élevée.   .   4

4. Epis ovoïdes ; tige molle, spongieuse   .   .   .   5
Epis globuleux, compactes, longuement dépassés
par l'une des bractées ; tige ferme. *S. Holos-*
chœnus. — S. grand Jonc. (II, 340)

5. Plante verte ; trois stigmates ; akènes largement
obovés-trigones. *S. lacustris*. — S. des lacs.
(II, 339)
Plante glauque ; deux stigmates ; akènes comprimés, à faces convexes. *S. Tabernæmon-*
tani. — S. de Tabernémontanus. (II, 339)

6. Ecailles florales obtuses, munies d'une nervure
dorsale qui se prolonge en court mucron ;

souche non tuberculeuse. *S. sylvaticus*. — S. des forêts. (II, 341)

Ecailles florales bifides au sommet, à lobes aigus, dentés, séparés par un mucron rude et assez long ; souche renflée çà et là en tubercules. *S. maritimus*. — S. maritime. (II, 340)

458. ERIOPHORUM [Linaigrette].

1. Pédicelles des capitules rudes ou comme tomenteux ; akènes arrondis et mucronés au sommet. 2

Pédicelles lisses ; akènes atténués en pointe au sommet. *E. angustifolium*. — L. à feuilles étroites. (II, 342)

2. Pédicelles rudes, non tomenteux ; souche longuement rampante. *E. gracile*. — L. grêle. (II, 342)

Pédicelles rudes, non tomenteux ; souche courte, oblique. *E. latifolium*. — L. à larges feuilles. (II, 341)

459. CAREX [Laiche].

1. Deux stigmates 2
Trois stigmates 12

2. Un épi simple, terminal, androgyn. *C. pulicaris*. — L. pucière. (II, 343)

Epi formé de plusieurs épillets androgyns ou unisexuels, plus ou moins rapprochés au sommet de la tige. 3

Plusieurs épis unisexuels, distincts, les mâles terminaux, les femelles axillaires 11

3. Souche rampante   4
   Souche cespiteuse   5

4. Epi formé de quinze à vingt-cinq épillets unisexuels , les supérieurs et les inférieurs
   femelles, les intermédiaires mâles. *C. disticha.*
   — L. distique. (II, 344)
   Epi formé de trois-six épillets mâles au sommet,
   femelles à la base. *C. divisa.* — L. divisée.
   (II, 344)

5. Epillets nombreux, disposés en anthèle rameuse,
   lâche. *C. paniculata.* — L. paniculée. (II, 346)
   Non.   6

6. Epillets mâles au sommet, femelles à la base.   7
   Epillets femelles au sommet, mâles à la base.   9

7. Tige triquêtre, très rude sur les angles, à faces
   excavées. *C. vulpina.* — L. jaunâtre. (II, 345)
   Tige à faces ni excavées, ni très rude sur les
   angles   8

8. Epillets rapprochés ; utricules étalés-divergents,
   spongieux à la base ; ligule ovale-lancéolée,
   prolongée sur le limbe. *C. muricata.* — L.
   rude. (II, 345)
   Epillets espacés ; utricules étalés-dressés, non
   spongieux à la base ; ligule ovale-arrondie,
   peu prolongée sur le limbe. *C. divulsa.* —
   L. écartée. (II, 346)

9. Bractée foliacée dépassant longuement l'épi.
   C. remota. — L. espacée. (II, 348)
   Epi non dépassé par une longue bractée. . .   10

10. Epillets ovoïdes-elliptiques, rapprochés. *C. lepo-
    rina.* — L. des lièvres. (II, 347)
    Epillets courts, en tête, les inférieurs écartés ;
    utricules divariqués en étoile. *C. stellulata.*
    — L. étoilée. (II, 347)

11. Souche cespiteuse. *C. stricta.* — L. raide.
    (II, 348)
    Souche rampante. *C. acuta.* — L. aiguë.
    (II, 349)

12. Utricules tomenteux.   13
    Utricules glabres.   20

13. Un seul épi mâle.   14
    Deux ou plusieurs épis mâles.   19

14. Epis femelles linéaires, tous très rapprochés,
    presque digités, égalant l'épi mâle, divergents
    et recourbés en dehors. *C. ornithopoda.* —
    L. pied-d'oiseau. (Supp. 4)
    Non.   15

15. Un-deux épis femelles radicaux, longuement
    pédonculés, inclinés à la maturité. *C. halle-
    riana.* — L. de Haller. (II, 352)
    Non.   16

16. Souche cespiteuse, fibreuse. *C. pilulifera.* —
    L. à pilules. (II, 351)
    Souche non cespiteuse, très épaisse ou stolo-
    nifère   17

17. Tige tombante à la maturité; épi mâle noir ou
    d'un brun foncé; souche longue, épaisse,
    dure. *C. montana.* — L. de montagne.
    (II, 350)
    Tige toujours dressée; épi mâle, pâle ou rous-
    sâtre; souche stolonifère.   18

18. Epi mâle gros, en massue; deux-trois épis
    femelles ovoïdes, rapprochés. *C. præcox.* — L.
    précoce. (II, 351)
    Epi mâle grêle, aigu; un-trois épis femelles
    oblongs, un peu écartés. *C. tomentosa.* — L.
    tomenteuse. (II, 350)

19. Feuilles vertes, velues. *C. hirta.* — L. hérissée.
    (II, 353)
    Feuilles glauques, glabres. *C. glauca.* — L.
    glauque. (II, 353)

20. Un seul épi mâle.   21
    Deux ou plusieurs épis mâles.   32

21. Utricules fructifères à bec court ou presque nul,
    non bicuspidé   22
    Utricules fructifères atténuées en bec long,
    bicuspidé.   25

22. Souche cespiteuse.   23
    Souche rampante, stolonifère.   24

23. Epis femelles ovoïdes-elliptiques, brièvement
    pédicellés, souvent un peu penchés, à écailles
    d'un roux pâle; tige de trois-cinq décim.
    C. pallescens. — L. pâle. (II, 358)
    Epis femelles allongés, cylindriques, longue-

ment pédonculés, pendants; tige de huit-douze décimètres. *C. maxima.* — L. géante. (II, 360)

24. Epis femelles un-deux; utricules gros, ovoïdes-renflés. *C. panicea.* — L. Panic. (II, 357)

Epis femelles trois-quatre, linéaires; utricules petits, fusiformes. *C. strigosa.* — L. à épis grêles. (II, 359)

25. Limbe de l'écaille fructifère plus court que le fruit, mais le dépassant par une longue pointe subulée, très rude. *C. pseudo-Cyperus.* — L. faux-Souchet. (II, 359)

Non. 26

26. Utricules étalés ou réfléchis. 27
Utricules dressés. 28

27. Epi mâle pédonculé; épis femelles presque tou-jours rapprochés au sommet de la tige; bec des utricules à la fin recourbé en bas. *C. flava.* — L. jaune. (II, 354)

Epi mâle brièvement pédonculé; épi femelle inférieur souvent très écarté; utricules à bec droit, divariqués mais non réfléchis. *C. OEderi.* — L. d'OEder. (II, 354)

28. Epis femelles dressés. 29
Epis femelles, au moins l'inférieur, pendants à la maturité. 31

29. Epis femelles lâches, formés de deux-six utri-

cules gonflés. *C. depauperata.* — L. appauvrie. (II, 357)
Epis femelles denses; utricules nombreux, non
gonflés.   30

30. Ecailles femelles .lancéolées ou ovales-aiguës,
non mucronées; gaînes des feuilles flétries
d'un blanc grisâtre. *C. hornschuchiana.* —
L. de Hornschuch. (II, 355)
Ecailles femelles ovales, mucronées; gaîne des
feuilles flétries d'un brun marron. *C. distans.*
— L. distante. (II, 356)

31. Epis femelles linéaires, lâches, tous penchés ou
pendants. *C. sylvatica.* — L. des bois. (II, 358)
Epis femelles compactes, le supérieur sessile et
dressé, l'inférieur penché à la maturité. *C.
lævigata.* — L. lisse. (II, 356)

32. Ecailles des épis femelles de couleur claire, ou
scarieuses aux bords.   . . . .   33.
Ecailles des épis femelles d'un brun noirâtre,
non scarieuses aux bords.   34

33. Tige rude. *C. vesicaria.* — L. vésiculeuse.
(II, 361)
Tige lisse. *C. ampullacea.* — L. ampoulée.
(II, 360)

34. Ecailles inférieures des épis mâles obtuses. *C.
paludosa.* — L. des marais. (II, 361)
Ecailles des épis mâles aristées. *C. riparia.* —
L. des rivages. (II, 362)

460. LEERSIA [Léersie].

L. oryzoides. — L. à fleurs de Riz. (II, 364)

461. PHALARIS [Alpiste].

P. arundinacea. — A. Roseau. (II, 365)

462. ANTHOXANTHUM [Flouve].

Chaumes simples ; fleur inférieure munie d'une
arête ne dépassant pas la glume supérieure ;
plante vivace. *A. odoratum.* — F. odorante.
(II, 366)

Chaumes rameux ; fleur inférieure munie d'une
arête d'un tiers plus longue que la glume supérieure ; plante annuelle. *A. Puelii.* — F. de
Puel. (II, 366)

463. CHAMAGROSTIS [Chamagrostide].

C. minima. — C. naine. (II, 367)

464. CRYPSIS [Crypside].

C. alopecuroides. — C. Vulpin. (II, 367)

465. PHLEUM [Phléole].

1. Epi aigu ; glumes rétrécies en pointe et à carène
scabre ou brièvement ciliée. *P. Bœhmeri.* —
P. de Bœhmer. (II, 368)

Epi obtus ; glumes subitement aristées, à carène
bordée de longs cils.   2

2. Tiges couchées ou obliques à la base et souvent
   bulbeuses 3
   Tiges droites, peu ou point bulbeuses à la base.
   P. pratense. — P. des prés. (II, 369)

3. Epi gros, long de huit-dix centimètres. *P. intermedium.* — P. intermédiaire. (II, 369)
   Epi grêle ou très court . . . . , 4

4. Epi ovoïde ou cylindrique, court; tiges couchées à la base, puis droites. *P. præcox.* —
   P. précoce. (II, 370)
   Epi linéaire, cylindrique, grêle; tiges étalées,
   obliquement redressées. *P. serotinum.* — P.
   tardive. (II, 369)

466. ALOPECURUS [Vulpin].

1. Souche bulbeuse. *A. bulbosus.* — V. bulbeux.
   (II, 372)
   Souche non bulbeuse, ou tige couchée-re-
   dressée. 2

2. Epi atténué aux deux bouts, glabre ou presque
   glabre. *A. agrestis.* — V. des champs. (II,
   371)
   Epi sensiblement velu ou soyeux, ordinairement obtus au sommet 3

3. Chaumes genouillés et couchés à la base; glumes à peines soudées dans leur partie inférieure 4
   Chaumes droits; glumes aiguës, soudées jusqu'au milieu. *A. pratensis.* — V. des prés.
   (II, 371)

4. Plante glauque; arête ne dépassant pas les glu-
mes. *A. fulvus.* — V. fauve. (II, 372)
Plante verte; arête exserte. *A. geniculatus.* —
V. genouillé. (II, 371)

467. ECHINARIA [Echinaire].

E. capitata. — E. en tête. (II, 373).

468. SETARIA [Sétaire].

1. Soies des épis rudes-accrochantes. *S. verticil-
lata.* — S. verticillée. (II, 375)
Soies non accrochantes. 2

2. Soies vertes ou rougeâtres; plante verte. *S. vi-
ridis.* — S. verte. (II, 374)
Soies jaunâtres; feuilles glauques. *S. glauca.* —
S. glauque. (II, 374)

469. PANICUM [Panic].

P. Crus-galli. — P. pied de coq (II, 376)

470. CYNODON [Chiendent].

C. Dactylon. — C. commun. (II, 377)

471. DIGITARIA [Digitaire].

1. Souche fortement rampante, rameuse, articulée.
D. paspaloides. — D. faux Paspale. (II, 378)
Racine fibreuse 2

2. Chaumes redressés; feuilles et gaînes poilues.
D. sanguinalis. — D. sanguine. (II, 378)
Chaumes étalés-couchés; feuilles et gaînes gla-
bres. *D. filiformis.* — D. filiforme. (II, 378)

472. ANDROPOGON [Barbon].

A. Ischæmum. — B. pied de poule. (II, 379)

473. PHRAGMITES [Roseau].

P. communis. — R. commun. (II, 380)

474. CALAMAGROSTIS [Calamagrostide].

1. Arête naissant sur le dos de la glume. *C. epigeios.*
   — C. terrestre. (II, 381)
   Arête terminale ou nulle.   2

2. Ligule courte, tronquée. *C. lanceolata.* — C. lancéolée. (II, 382)
   Ligule largement ovale, aiguë ou obtuse. *C.*
   littorea. — C. des rivages. (II, 381)

475. AGROSTIS [Agrostide].

1. Arête dépassant longuement les fleurs. . . .   2
   Arête nulle ou n'étant pas deux fois plus longue
   que les glumes.   3

2. Panicule grande, large, à rameaux étalés; an-
   thères linéaires-oblongues. *A. Spica-venti.* —
   A. jouet du vent. (II, 384)
   Panicule étroite, allongée, à rameaux dressés;
   anthères ovales-orbiculaires. *A. interrupta.* —
   A. interrompue. (II, 384)

3. Fleurs munies d'une arête fine; feuilles radicales
   filiformes-enroulées; ligule oblongue. *A. ca-*
   nina. — A. de chien. (II, 384)
   Fleurs souvent sans arête; feuilles toutes planes.   4

4. Ligule courte, tronquée. *A. vulgaris.* — A.
   commune. (II, 383)
   Ligule oblongue, saillante. *A. alba.* — A. blanche. (II, 383)

476. GASTRIDIUM [Gastridie].

G. lendigerum. — G. ventrue. (II, 385)

477. MILIUM [Millet].

Panicule très lâche ; glumes lisses. *M. effusum.*
   — M. étalé. (II, 386)
Panicule petite, un peu lâche ; glumes tubercu-
   leuses et rudes sur la face externe. *M. scabrum.*
   — M. scabre. (II, 387)

478. CORYNEPHORUS [Corynéphore].

C. canescens. — C. blanchâtre. (II, 387)

479. AIRA [Canche].

1. Panicule resserrée en épi. *A. præcox.* — C. précoce. (II, 389)
   Panicule lâche.   2

2. Epillets écartés, étalés, diffus. *A. caryophyllea.*
   — C. Caryophyllée. (II, 388)
   Epillets rapprochés en faisceaux terminaux. *A.
   aggregata.* — C. aggrégée. (II, 389)

480. DESCHAMPSIA [Deschampsie].

1. Feuilles pliées-enroulées.   2
   Feuilles planes-élargies. *D. cæspitosa.* — D.
   gazonnante. (II, 390)

2. Arête dépassant à peine les fleurs. *D. media.*— D. moyenne. (II, 390)
    Arête dépassant beaucoup les fleurs.   3

3. Ligule courte, tronquée. *D. flexuosa.* — D. flexueuse. (II, 391)
    Ligule allongée, aiguë. *D. Thuillierii.* — D. de Thuillier. (II, 391)

481. AVENA [Avoine].

1. Epillets penchés ou pendants, surtout à la maturité.   2
    Epillets redressés, jamais pendants.   4

2. Toutes les fleurs articulées se séparant les unes des autres à la maturité.   3
    Fleur inférieure seule articulée, caduque et entraînant la supérieure avec elle. *A. ludoviciana.* — A. de Louis. (II, 393)

3. Glumelle inférieure bifide en deux lobes sétacés, allongés. *A. barbata.* — A. barbue. (II, 392)
    Glumelle inférieure terminée par deux dents scarieuses. *A. fatua.* — A. folle (II, 393).

4. Feuilles et gaines glabres.   5
    Feuilles et gaines inférieures poilues. *A. pubescens.* — A. pubescente. (II, 394)

5. Panicule lâche, étalée, à pédicelles allongés. *A. tenuis.* — A. grêle. (II, 394)
    Panicule droite, resserrée en forme d'épi. *A. pratensis.* — A. des prés. (II, 395)

482. ARRHENATHERUM [Arrhénathère].

Souche mince, rampante. *A. elatius*. — A.
élevée. (II, 396)
Souche renflée en bulbes superposés en chapelet.
A. bulbosum. — A. bulbeuse. (II, 396)

483. TRISETUM [Trisète].

T. flavescens. — T. jaunâtre. (II, 397)

484. HOLCUS [Houque].

Arête dépassant à peine les glumes ; souche
fibreuse. *H. lanatus*.— H. laineuse. (II, 399)
Arête dépassant beaucoup les glumes ; souche
rampante. *H. mollis*. — H. molle. (II, 399)

485. KOELERIA [Kœlérie].

1. Feuilles radicales glabres, enroulées ; gaines
inférieures se déchirant en réseau filamenteux. *K. setacea*. — K. sétacée. (II, 401)
Feuilles ordinairement planes, pubescentes ;
gaines inférieures ne se déchiraut pas en
réseau filamenteux.   2

2. Panicule cylindrique-oblongue, assez épaisse.
K. cristata. — K. à crêtes. (II, 400)
Panicule serrée, étroite, presque linéaire. *K.
gracilis*. — K. fluette. (II, 400)

486. CATABROSA [Catabrose].

C. aquatica. — C. aquatique. (II, 402)

487. GLYCERIA [Glycérie].

1. Panicule très ample, rameuse, diffuse ; chaumes robustes, dressés. *G. spectabilis.* — G. élevée. (II, 403)
   Panicule unilatérale ou pyramidale ; chaumes couchés et radicants à la base   2

2. Panicule unilatérale, à rameaux inférieurs ordinairement géminés ; glumelle inférieure subaiguë au sommet quelquefois apiculé ; gaîne des feuilles ne se déchirant pas en réseau. *G. fluitans.* — G. flottante. (II, 403)
   Panicule comme verticillée, à rameaux inférieurs par trois-cinq ; glumelle inférieure largement scarieuse au sommet arrondi et sinué-crénelé ; gaîne se déchirant en réseau. *G. plicata.* — G. pliée. (II, 404)

488. POA [Paturin].

1. Souche rampante ; ligule courte, tronquée. .   2
   Racine ou souche fibreuse.   3

2. Chaumes comprimés, couchés à la base. *P. compressa.* — P. comprimé. (II, 406)
   Chaumes cylindriques, dressés. *P. pratensis.* — P. des prés. (II, 406)

3. Ligule presque nulle. *P. nemoralis.* — P. des bois. (II, 405)
   Ligule saillante, au moins aux feuilles supérieures.   4

4. Chaumes épaissis en bulbe à la base ; fleurs souvent vivipares. *P. bulbosa.* — P. bulbeux. (II, 406)
   Chaumes non épaissis à la base ; fleurs jamais vivipares. 5

5. Chaumes lisses. *P. annua.* — P. annuel.(II, 405)
   Chaumes rudes au sommet. *P. trivialis.* — P. commun. (II, 407)

489. ERAGROSTIS [Eragrostide].

Epillets fasciculés, renfermant de six à vingt-cinq fleurs ; feuilles glanduleuses aux bords. *E. megastachya.* — E. à gros épis. (II, 408)
Epillets solitaires, renfermant quatre-douze fleurs ; feuilles non glanduleuses aux bords ; plante ordinairement violacée. *E. pilosa.* — E. poilue. (II, 408)

490. BRIZA [Brize].

Epillets ovales, en cœur ; ligule courte, tronquée. *B media.* — B. moyenne. (II, 409)
Epillets triangulaires ; ligule allongée, aiguë. *B. minor.* — B. mineure. (II, 409)

491. MELICA [Mélique].

1. Panicule appauvrie, étalée ; fleurs glabres. *M. uniflora.* — M. uniflore. (II, 412)
   Panicule resserrée en épi ; fleurs pourvues de longs poils soyeux. 2

2. Tige rude au-dessous de l'épi ; glumes à nervures prolongées jusqu'au sommet. *M. nebrodensis.* — M. des Nébrodes. (II, 411)
Tige lisse ; glumes à nervures non prolongées
jusqu'au sommet. *M. Magnolii.* — M. de Ma-
gnol. (II, 410)

492. SCLEROPOA [Scléropoa].

S. rigida. — S. rigide. (II, 412)

493. DACTYLIS [Dactyle].

D. glomerata. — D. peletonné. (II, 413)

494. MOLINIA [Molinie].

M. cœrulea. — M. bleue. (II, 414)

495. DANTHONIA [Danthonie].

D. decumbens. — D. tombante. (II, 415)

496. CYNOSURUS [Cynosure].

C. cristatus. — C. à crêtes. (II, 416)

497. VULPIA [Vulpie].

1. Chaumes longuement nus au sommet. *V. sciu-
roides.* — V. queue d'écureuil. (II, 417)
Base de la panicule ordinairement renfermée
dans la gaîne supérieure ou en étant très rap-
prochée.   2

2. Glumelle inférieure longuement ciliée ; panicule dressée. *V. myuros.* — V. queue de souris. (II, 418)

Glumelle inférieure non ciliée ; panicule penchée au sommet. *V. pseudomyuros.* — V. fausse queue de rat. (II, 417)

498. FESTUCA [Fétuque].

1. Panicule spiciforme, longuement effilée, à épillets subsessiles, distiques ; glumes des épillets latéraux très inégales. *F. loliacea.* — F. Ivraie. (II, 423)

Epillets n'étant pas distiques. 2

2. Feuilles radicales toujours enroulées-sétacées. 3

Jeunes feuilles radicales planes. 7

3. Feuilles caulinaires planes. 4

Feuilles toutes enroulées-sétacées. 5

4. Souche fibreuse, sans stolons ; tiges coudées aux nœuds inférieurs, redressées. *F. heterophylla.* — F. à feuilles variées. (II, 421).

Souche brièvement rampante, émettant des stolons grêles, terminés par un faisceau de feuilles ; tiges dressées. *F. rubra.* — F. rouge. (II, 421)

5. Glumelle inférieure mutique. *F. tenuifolia.* — F. à feuilles menues. (II, 419)

Glumelle inférieure plus ou moins aristée. . . 6

6. Plante ordinairement glauque ; glumelle inférieure à arête égalant la moitié de sa longueur ; feuilles pliées-aplaties , carénées ,
   lisses ; chaumes non anguleux au sommet.
   F. duriuscula. -- F. dure. (II, 420)
   Plante verte ou violacée ; glumelle inférieure terminée par une arête égalant le quart, au
   moins, de sa longueur ; feuilles pliées-arron-
   dies, non carénées, un peu rudes ; chaumes
   un peu rudes et anguleux au sommet. *F.
   ovina*. — F. des brebis. (II, 420)

7. Souche rampante, stolonifère. *F. arundinacea*
   — F. Roseau. (II, 422)
   Souche fibreuse. *F. pratensis*. — F. des prés.
   (II, 422)

499. BROMUS [Brome].

1. Epillets élargis au sommet, en coin à la base ;
   plante annuelle.   2
   Epillets linéaires-aigus, plus étroits au sommet
   qu'à la base ; plante vivace   5

2. Panicule mollement velue, serrée, penchée d'un
   seul côté ; glumelle inférieure égalant son
   arête. *B. tectorum*. — B. des toits. (II, 426)
   Panicule droite ou diffuse ; glumelle inférieure
   plus courte que son arête.   3

3. Deux étamines ; panicule souvent rougeâtre ;
   arêtes d'abord dressées, puis étalées en dehors.
   B. madritensis. — B. de Madrid. (II, 427)
   Trois étamines ; arêtes toujours droites. . .   4

4. Chaumes glabres ; épillets de sept-onze fleurs,
    pendants ; panicule très lâche, éparse. *B.
    sterilis*. — B. stérile. (II, 426)

    Chaumes pubescents au sommet; épillets de
    cinq-neuf fleurs ; panicule courte, dressée,
    peu étalée. *B. ambigens*. — B. douteux.
    (II, 427)

5. Panicule droite, étroite ; feuilles supérieures plus
    larges que les inférieures. *B. erectus*. — B.
    dressé. (II, 425)

    Panicule très lâche, penchée, au moins à la
    fin ; feuilles à peu près toutes semblables .   6

6. Gaines glabres. *B. giganteus*. — B. géant. (II,
    429)

    Gaines et feuilles velues-hérissées. *B. asper*.
    — B. rude. (II, 425)

500. SERRAFALCUS [Serrafalque].

1. Gaines des feuilles presque toutes glabres ;
    chaumes pubescents aux nœuds ; épillets com-
    posés de fleurs écartées et comme cylindri-
    ques à la maturité. *S. secalinus*. — S. Seigle.
    (II, 428)

    Gaines des feuilles presque toutes pubescentes ;
    épillets non cylindriques, composés de fleurs
    contiguës   2

2. Epillets mollement pubescents. *S. mollis*. —
    S. mollet. (II, 430)

    Epillets glabres ou à peu près.   3

3. Panicule toujours dressée, étroite et dont les
rameaux inférieurs ont à peine trois centimètres de long. *S. racemosus.* — S. à
grappes. (II, 430)
Panicule plus ou moins lâche, penchée au
moins après l'anthèse et dont les rameaux
ont plus de trois centimètres de long. .   .   4

4. Panicule diffuse, à rameaux portant trois-quatre
épillets étroits, souvent panachés de violet.
S. arvensis. — S. des champs. (II, 429)
Panicule un peu lâche, étalée, penchée et subunilatérale avant et après l'anthèse, à rameaux ne portant que un-deux épillets verdâtres et longs de presque un centimètre. *S.
commutatus.* — S. controversé. (II, 429)

501. HORDEUM [Orge].

1. Toutes les fleurs hermaphrodites et fertiles.   .   2
Fleurs latérales mâles et stériles   3

2. Epillets disposés sur six rangs égaux et ré-
guliers. *H. hexastichon.* — O. à six rangs.
(II, 432)
Epillets disposés sur six rangs dont deux sont
rentrants, moins saillants que les autres.
H. vulgare. — O. commun. (II, 431)

3. Fleurs stériles dépourvues d'arêtes. *H. distichum.*
— O. à deux rangs. (II, 432)
Fleurs stériles aristées   4

4. Glumes des fleurs latérales ciliées. *H. murinum.*
 — O. queue de rat. (II, 432)
Toutes les glumes glabres. *H. secalinum.* — O.
 Seigle. (II, 433)

502. ELYMUS [Elyme].

E. europæus. — E. d'Europe. (II, 433)

503. ÆGILOPS [Egilops].

Æ. ovata. — E. ovale. (II, 435)

504. TRITICUM [Froment].

T. vulgare. — F. commun. (II, 436)

504 *bis.* AGROPYRUM [Agropyre].

1. Souche fibreuse. *A. caninum.* — A. de chien.
 (II, 437)
Souche rampante.   2

2. Glumes égalant environ les deux tiers de l'épillet. *A. repens.* — A. rampant. (II, 438)
Glumes plus courtes que les deux tiers de
 l'épillet.   3

3. Epillets rapprochés en épi serré ; glumes ne
 dépassant pas la moitié de l'épillet. *A. pungens.*
 — A. piquant. (II, 437)
Epillets écartés en épi un peu lâche ; glumes
 dépassant un peu la moitié de l'épillet. *A.
 campestre.* — A. champêtre. (II, 438)

505. BRACHYPODIUM [Brachypode].

Souche fibreuse ; arête des fleurs supérieures aussi longue que la fleur. *B. sylvaticum*. — B. des bois. (II, 439)

Souche longuement rampante ; arête plus courte que la fleur. *B. pinnatum*. — B. pinné. (II, 439)

506. LOLIUM [Ivraie].

1. Racine produisant à la fois des tiges et des touffes de feuilles stériles ; plante vivace 2

 Racine dépourvue de touffes de feuilles stériles ; plante annuelle .· 3

2. Fleurs mutiques. *L perenne*. — I. vivace. (II, 441)

 Fleurs aristées. *L. italicum*. — I. d'Italie. (II, 441)

3. Epillets lancéolés 4
 Epillets elliptiques 5

4. Glume une-deux fois plus courte que l'épillet formé de sept-vingt fleurs ; glumelle inférieure rarement mutique. *L. multiflorum*. — I. multiflore. (II, 441)

 Glume simplement plus courte que l'épillet formé de trois-neuf fleurs ; glumelle inférieure toujours mutique. *L. rigidum*. — I. rigide. (II, 442)

5. Glume plus longue que l'épillet ; plante robuste. 6
 Glume plus courte que l'épillet ; plante grêle. *L. linicola*. — I. du Lin. (II, 442)

6. Arête raide. *L. temulentum.* — I. enivrante.
   (II, 443)
   Arête molle. *L. arvense.* — I. des champs. (II,
   443)

507. GAUDINIA [Gaudinie].

G. fragilis. — G. fragile. (II, 444)

508. NARDURUS [Nardure].

1. Fleurs non aristées. *N. Poa.* — N. Paturin.
   (II, 445)
   Fleurs aristées   2

2. Epi sub-unilatéral. *N. tenuiflorus.* — N. à
   petites fleurs. (II, 445)
   Epi distique. *N. aristatus.* — N. aristé. (II, 446)

509. LEPTURUS [Lepture].

L. cylindricus. — L. cylindrique. (II, 447)

510. NARDUS [Nard].

N. stricta. — N. raide. (II, 447)

CRYPTOGAMES

—

511. OPHIOGLOSSUM [Ophioglosse].

Fronde grande, verte, ovale, toujours solitaire. *O. vulgatum.* — O. commune. (II, 451)
Fronde petite, d'un vert pâle, ovale-lancéolée, souvent accompagnée d'une autre fronde semblable. *O. sabulicolum.* — O. des sables. (II, 451)

512. OSMUNDA [Osmonde].

O. regalis. — O. royale. (II, 452)

513. CETERACH [Cétérac].

C. officinarum. — C. officinal. (II, 452)

514. POLYPODIUM [Polypode].

P. vulgare. — P. commun. (II, 453)

515. — ASPIDIUM [Aspidie].

Frondes à folioles ovales, les inférieures pétiolées, ayant leur base prolongée en oreillette latérale. *A. angulare.* — A. angulaire. (II, 454)
Folioles sessiles et décurrentes, peu ou point auriculées. *A. aculeatum.* — A. aiguillonnée. (II, 453)

516. POLYSTICHUM [Polystic].

1. Lobes des frondes crénelés ou denticulés. . . 2
   Lobes des frondes très entiers. *P. Thelypteris*.
   — P. à bords roulés. (II, 454)

2. Dents des lobes mutiques. *P. Filix-mas*. — P.
   Fougère mâle. (II, 455)
   Dents des lobes mucronées-spinuleuses. *P. spi-
   nulosum*. — P. spinuleux. (II, 455)

517. ATHYRIUM. [Athyrie].

A. Filix-fœmina. — A. Fougère femelle. (II, 456)

518. ASPLENIUM [Doradille].

1. Frondes à deux-trois segments linéaires. *A. septentrionale*. — D. septentrionale. (II, 457)
   Frondes à segments plus ou moins élargis ou
   dentés-incisés. 2

2. Frondes une fois ailées, à pétiole noirâtre. *A.
   Trichomanes*. — D. Capillaire. (II, 458)
   Frondes plusieurs fois ailées ou à pétioles verts
   au sommet. 3

3. Frondes découpées en un grand nombre de
   segments lancéolés ou triangulaires . . . 4
   Frondes à un petit nombre de segments. . . 5

4. Frondes lancéolées; segments de la base plus
   courts que ceux du milieu. *A. lanceolatum*. —
   D. lancéolée. (II, 457)
   Frondes triangulaires; segments de la base plus
   longs que les autres. *A. Adianthum-nigrum*.
   — D. Capillaire noir. (II, 456)

5. Pétiole vert; lobes des segments oblongs-obovales ou obovales. *A. Ruta-muraria.* — D. Rue des murs. (II, 457)

Pétiole brun, vert supérieurement; segments tous cunéiformes. *A. Breynii.* — D. de Breynius. (II, 458)

519. SCOLOPENDRIUM [Scolopendre].

S. officinale. — S. officinale. (II, 459)

420. BLECHNUM [Blechne].

B. Spicant. — B. en épi. (II, 469)

521. PTERIS [Ptéride].

P. aquilina. — P. aquiline. (II, 460)

522. ADIANTHUM [Adianthe].

A. Capillus-Veneris. — A. Cheveux de Vénus. (II, 460)

523. EQUISETUM [Prêle].

1. Tiges toutes semblables, vertes 2
Tiges fertiles précoces, blanches-décolorées, les stériles tardives, vertes 3

2. Epi cylindrique; rameaux à entre-nœud inférieur atteignant à peine la moitié de la gaine caulinaire. *E. palustre.* — P. des marais. (II, 463)

Epi ovoïde; rameaux à entre-nœud inférieur n'atteignant pas ou atteignant à peine la base des dents de la gaine caulinaire. *E. limosum.* — P. des bourbiers. (II, 463).

3. Tiges fertiles munies de gaines divisées au sommet en vingt-trente dents acuminées-subulées ; tiges stériles à rameaux grêles dont l'entre-nœud inférieur est plus court que la gaine caulinaire. *E. Telmateia.* — P. d'ivoire. (II, 462)

Tiges fertiles à gaînes profondément divisées en sept-douze dents linéaires-aiguës ; tiges stériles à rameaux grêles dont l'entre-nœud inférieur dépasse souvent beaucoup la gaîne caulinaire. *E. arvense.* — P. des champs. (II, 462)

524. PILULARIA [Pilulaire].

P. globulifera. — P. à globules. (II, 464)

525. NITELLA [Nitelle].

1. Rameaux inférieurs remplacés par une étoile blanche, crustacée, de quatre-huit rayons. *N. stelligera.* — N. étoilée. (II, 466)
Non   2

2. Rayons des verticilles simples ou bifurqués. .   3
Rayons trois-six fois fourchus ; sporanges presque globuleux. *N. tenuissima.* — N. menue. (II, 466)

3. Tiges épaisses, rayons simples ; sporanges agglomérés. *N. translucens.* — N. translucide. (II, 466)

Tiges grêles ; rayons la plupart bifurqués ; sporanges ordinairement solitaires. *N. flexilis.* — N. flexible. (II, 466)

526. CHARA [Charagne].

1. Tige translucide, flexible, non striée. *C. Braunii.*
    — C. de Braun. (II, 467)
    Tige opaque, striée.   2

2. Tige d'un vert grisâtre   3
    Tige verte.   4

3. Tige robuste, fortement hispide, surtout dans le
    haut. *C. hispida.* — C. hispide. (II, 467)
    Tige assez grêle, nue ou munie d'aiguillons rares
    et fins   4

4. Bractées plus longues que les sporanges. *C. fœ-*
    tida. — C. fétide. (II, 467).
    Bractées plus courtes que les sporanges. . .   5

5. Monoïque ; sporanges à treize-quinze stries ;
    couronne allongée. *C. fragilis.* — C. fragile.
    (II, 468)
    Dioïque ; sporanges à neuf-dix stries ; couronne
    étalée. *C. fragifera.* —·C. fragifère. (II, 468)

VOCABULAIRE.

ACAULE. Plante à tige nulle ou presque nulle.

ACCRESCENT. Se dit d'un organe qui continue à végéter et
à croître jusqu'à la maturité du fruit; tandis qu'il se
flétrit ordinairement dans d'autres espèces.

ACICULE. Aiguillon droit et mince comme une aiguille.

ACICULÉ. Muni d'acicules.

ACULÉOLÉ. Muni d'aiguillons.

ACUMINÉ. Dont le sommet se termine en pointe effilée.

ADNÉ. Qui est immédiatement attaché à une partie quel-
conque et semble faire corps avec elle.

ADVENTIF. Se dit de tout organe né en dehors du lieu de
son développement normal.

AGRÉGÉ. Se dit des organes entassés sur le même point, et
n'adhérant pas entre eux.

AIGRETTE. Réunion de soies, de poils ou de membranes
qui terminent certains fruits.

AIGUILLON. Production piquante, droite, courbe ou crochue
qui se développe sur l'épiderme de certains arbustes,
sans adhérer au bois, ou sur les côtes de quelques fruits.

AILE. Prolongement membraneux ou foliacé faisant saillie autour d'une graine, d'une capsule ou sur une tige, un pétiole, etc. (Voir *Papilionacées*.)

AILÉ. Pourvu d'ailes ; se dit aussi des feuilles composées. (Voir ce dernier mot.)

AISSELLE. Angle formé par l'insertion à la tige d'une feuille ou d'un rameau.

AKÈNE. Fruit petit, sec, indéhiscent et ne contenant qu'une graine libre dans le péricarpe.

ALBUMEN. Tissu de composition variable qui accompagne l'embryon, dans la graine d'un grand nombre de plantes ; c'est un dépôt de nourriture que l'embryon absorbera pour se développer en plante.

ALTERNE. Se dit d'organes, feuilles, rameaux, etc., disposés sur leur axe à des niveaux et dans des plans différents ; s'applique également aux styles, aux étamines, aux lobes de la corolle ou du calice dont les insertions correspondent à l'intervalle des insertions des organes voisins.

ALVÉOLES. Cavités plus ou moins régulières, séparées par des parois minces, dont peut être creusée la surface de certains organes.

ANASTOMOSÉ. Se dit de nervures se rencontrant et s'unissant entre elles.

ANATROPE. Se dit d'un ovule qui, par suite d'une évolution anormale, se courbe de manière à rapprocher son sommet du hile.

ANDROCÉE. (Voir *Gynécée*.)

ANTHÈLE. Nom donné à l'inflorescence en cyme anormale ou fausse panicule des *Juncus*, des *Luzula* et de certaines *Cypéracées*.

ANTHÈRE. (Voir *Étamines*.)

ANTHÈSE. Synonime de floraison ou d'épanouissement.

ANTHODE. (Voir Fleur *Composée*.)

APICULÉ. Terminé en pointe courte.

APPENDICE. Nom donné à diverses parties accessoires plus ou moins saillantes qui accompagnent certains organes.

APPENDICULÉ. Muni d'appendices.

APPRIMÉ. Se dit de tout organe étroitement serré contre son support ; c'est le contraire d'*étalé*.

APTÈRE. Dépourvu d'aile.

ARANÉEUX. S'applique à certaines parties de la plante couverte de poils longs, mous, entrecroisés comme des fils d'araignée.

ARÊTE. Prolongement ou appendice filiforme, droit et raide de certains organes.

ARILLE. Expension membraneuse et accessoire qui, outre le tégument propre de la graine, enveloppe celle-ci plus ou moins complètement.

ARISTÉ. Pourvu d'une arête.

ARTICLES. Se dit d'une série de pièces placées bout à bout et se séparant l'une de l'autre, sans déchirement, à une époque déterminée de leur vie.

ARTICULATION. Point de jonction de deux pièces séparables sans déchirement, à une époque donnée.

ARTICULÉ. Composé d'articles; joint par articulation.

ASCENDANT. Se dit d'organes qui, courbés horizontalement à leur base, se relèvent ensuite verticalement.

ATTÉNUÉ. Insensiblement rétréci ou aminci.

AURICULÉ. Muni d'oreillettes.

AXE. Corps de la plante allongé, émettant des expansions latérales; pédoncule central d'un épi.

AXILE. Se dit des organes qui sont de la nature des axes. (Voir *Placenta* et *Placentation*.)

AXILLAIRE. Qui tient à l'axe, qui dépend de l'axe ; non terminal, né dans l'aisselle d'une feuille.

BACCIFORME. Fruit charnu, en forme de baie.

BAIE. Fruit mou, succulent, contenant plusieurs graines.

BASILAIRE. Qui appartient à la base d'un organe.

BEC. Prolongement terminal d'un organe, d'un fruit, etc.

BIDENTÉ. Qui est muni de deux dents.

BIFIDE. Qui est fendu en deux.

BILABIÉ. A deux lèvres.

BILOCULAIRE. Se dit de toute cavité divisée en deux compartiments par une cloison.

BIPARE. (Voir *Cyme*.)

BISANNUEL. Se dit des plantes germant dans l'année qui précède l'année où elles fleurissent.

BISÉRIÉ. Disposé en deux séries.

BITERNÉE (*feuille*). Feuille composée, dont le pétiole commun se partage à son sommet en trois pétiolules portant chacun trois folioles.

BIVALVE. A deux valves ; qui s'ouvre en deux valves.

BORDÉ. Entouré d'un rebord plus ou moins large, plus ou moins épais.

BOSSE. Saillie arrondie à la surface ou à la base de certains organes.

BOSSU. (Voir *Inégal*.)

BOUTON. Etat d'une fleur avant l'épanouissement.

BRACTÉES. Feuilles situées à la base des pédoncules, différant des feuilles ordinaires par la forme, la consistance, la couleur, etc.

BRACTÉOLES. Petites bractées situées à la base des pédicelles.

BULBEUX. Renflé en bulbe.

BULBIFORME. Qui ressemble à un bulbe.

BULBILLE. Petit bulbe. Se dit ordinairement d'un organe spécial se développant à l'aisselle d'une feuille et caduc ; soit, comme dans certaines espèces d'ail, au centre des organes reproducteurs.

BURSICULE. Petite excavation qui est au sommet du gynostème des *Orchidées* et dans laquelle sont logés les *rétinacles*.

CADUC. Se dit d'organes qui tombent prématurément.

CALATHIDE. (Voir Fleur *Composée*.)

CALICE. Organe qui occupe le rang le plus extérieur parmi les pièces dont se compose la fleur ; il est généralement coloré en vert.

CALICULE. Ensemble de folioles situées immédiatement au-dessous du calice, et simulant un calice extérieur.

CAMPANULÉ. Se dit d'un organe d'une ou de plusieurs pièces en forme de cloche.

CAMPILOTROPE. Se dit d'un ovule courbé sur lui-même en forme de rein, par suite d'un développement plus ou moins inégal, comme le Haricot.

CANALICULÉ. Muni d'un sillon ou d'une gouttière en forme de canal.

CAPILLAIRE. Qui a la ténuité d'un cheveu.

CAPITÉ. Terminé brusquement par un renflement ovale ou arrondi.

CAPITULE. Tête de fleurs serrées. (Voir Fleur *Composée*.)

CAPSULAIRE. Qui est de la nature des capsules.

CAPSULE. Sorte de fruit sec, renfermant les graines, indéhiscent ou s'ouvrant par des valves ou par des trous.

CARÈNE. Saillie longitudinale sur la face inférieure d'un organe. (Voir *Papilionacées*.)

CARÉNÉ. Muni d'une carène.

CARONCULE. Epaisissement charnu qui s'observe sur certaines graines. (Voir *Arille*.)

CARPELLE. Ovaire simple ou portion d'ovaire formant un tout et renfermant les graines. (Voir *Ovaire*.)

CARPOPHORE. Nom donné au prolongement du réceptacle qui soulève, dans quelques fleurs, le gynécée au-dessus des autres verticilles.

CAUDICULE. Partie amincie des masses polliniques des *Orchidées*.

CAULINAIRE. Qui tient ou appartient à la tige.

CÉRACÉ. Qui a l'aspect ou la consistance de la cire.

CESPITEUX. Qui croît en touffes serrées.

CHAGRINÉ. Se dit d'une surface couverte de petites granulations.

CHARNU. Dont la substance est ferme, aqueuse, succulente.

CHATON. Epi de fleurs unisexuelles, sans pétales et placées à l'aisselle d'une écaille.

CHAUME. Tige des *Cypéracées*, des *Graminées*.

CIL. Poil droit, plus ou moins raide, fixé au bord d'un organe.

CILIÉ. Pourvu de cils.

CILIÉ-GLANDULEUX. Pourvu de cils munis d'une glande au sommet.

CLAVIFORME. Qui ressemble à une massue.

CLOISON. On donne ce nom à toute lame qui sépare une cavité en deux ou plusieurs compartiments.

COEUR (*en*). Echancré comme un cœur de carte à jouer.

COLORÉ. Qui présente une autre couleur que la couleur verte.

COLUMELLE. Axe de forme variable qui persiste dans certains fruits après la chute des autres parties.

COMMISSURE. Jointure. Se dit, dans les *Ombellifères*, de la face par laquelle les deux akènes sont accolés l'un à l'autre.

COMPOSÉE (*feuille*). Feuille dont le limbe est divisé en plusieurs folioles secondaires ; opposé à feuille simple.

COMPOSÉE (*fleur*). Fleur constituée : 1° extérieurement par le péricline, formé de plusieurs folioles vertes ou scarieuses ; 2° par des fleurs tubuleuses (*fleurons*), ou en languette plane (*demi-fleurons*), insérées sur l'extrémité élargie du pédoncule, nommé alors *réceptacle*. L'ensemble se distingue par les mots de *Calathide*, *Capitule* et *Anthode*.

COMPOSÉE (*grappe*). Inflorescence dans laquelle les axes secondaires, nés immédiatement de l'axe primaire du pédoncule, au lieu de se terminer par une fleur, se ramifient en axes tertiaires, dont souvent quelques-uns se ramifient aussi avant de fleurir.

CONCOLORE. Se dit de deux ou de plusieurs parties qui affectent la même couleur.

CONFLUENT. Se dit d'organes qui, marchant l'un vers l'autre, se réunissent et se confondent.

CONNECTIF. Nervure qui réunit les deux loges séparées de l'anthère. Il est quelquefois attaché par son milieu au sommet du filet et porte, comme dans les Sauges, à l'une de ses extrémités la loge fertile et à l'autre la loge stérile.

CONNÉ. Se dit de feuilles opposées, soudées par leur base ; la tige paraît les traverser.

CONNIVENT. Qui se rapproche par le sommet ou par les bords.

CONTRACTÉ. Resserré, rétréci.

COQUE. Fruit sec, de forme globuleuse, à loges monospermes.

CORDIFORME. Qui a de l'analogie avec la forme d'un cœur de carte à jouer.

COROLLE. Organe coloré, situé entre le calice et les organes sexuels.

CORYMBE. Inflorescence dans laquelle les rameaux, partant de points différents, arrivent à peu près au même niveau.

CÔTE. Se dit, en général, de la nervure médiane d'une feuille, ou des lignes saillantes à la surface de certains fruits.

COTYLÉDONS. Premières feuilles qui servent à la nutrition et à la protection de la plante naissante. Les plantes naissent avec deux cotylédons (*dicotylédones*), ou avec un seul cotylédon (*monocotylédones*), ou sans cotylédons (*acotylédones*). Les deux premières classes renferment tous les végétaux qui se reproduisent au moyen d'organes sexuels visibles à l'œil nu (*phanérogames*) ; la troisième comprend tous ceux qui se reproduisent sans le secours d'organes sexuels apparents (*cryptogames*).

COUCHÉ. Etalé à la surface du sol.

CRAMPONS. Racines adventives sur la tige de certaines plantes grimpantes.

CRÉNELÉ. Qui présente des dents à sinus peu profonds, arrondies et obtuses.

CRUSTACÉ. Se dit des membranes qui sont à la fois minces, dures et fragiles.

CRYPTOGAMES. (Voir *Cotylédons.*)

CUBOÏDE. Qui a la forme ou l'apparence d'un cube.

CUCULLIFORME. Qui est contourné en cornet ou en capuchon.

CUNÉIFORME. Rétréci en forme de coin ou de triangle à sommet dirigé en bas.

CUSPIDÉ. Se dit des organes terminés en pointe longue, aiguë et raide.

CUPULE. Organe qui ressemble à une petite coupe.

CYME. Inflorescence définie dans laquelle l'axe primaire est terminé par une fleur qui s'épanouit avant les autres. Chacun des rameaux suivants se termine aussi par une fleur. Les axes secondaires fleurissent avant les tertiaires, ceux-ci avant les quaternaires, et ainsi de suite. — La cyme *unipare* est une inflorescence composée d'une série d'axes floraux issus les uns des autres. — La cyme *bipare* est une inflorescence dont les groupes de fleurs constituent une succession de vraies dichotomies.

DÉCURRENT. Se dit d'une feuille dont le limbe se prolonge en s'atténuant le long du pétiole et souvent de la tige.

DÉFINI. (Voir *Indéfini*.)

DÉHISCENCE. Acte par lequel s'ouvre le péricarpe pour laisser sortir la graine; l'anthère, pour laisser sortir le pollen.

DÉHISCENT. Qui s'ouvre sans se déchirer, par la séparation naturelle de ses valves.

DENTIFORME. Semblable à une dent.

DENTS. Divisions courtes, ordinairement triangulaires, situées au pourtour de beaucoup de feuilles ou d'autres organes; s'applique aussi à une protubérance faisant saillie sur une surface.

DIADELPHE. Qualificatif donné aux étamines quand elles sont soudées par les filets de manière à former deux faisceaux.

DICHOTOME. Tige qui se divise et se subdivise en deux branches égales.

DICLINES. Nom des plantes unisexuelles.

DICOTYLÉDONES. (Voir *Cotylédons*.)

DIDYME. Se dit d'un organe composé de deux parties globuleuses soudées entre elles.

DIDYNAMES. Se dit des plantes qui ont quatre étamines dont deux plus longues.

DIDYNAMIE. Classe comprenant les plantes didynames.

DIFFUS. A rameaux inordonnés, entre-croisés.

DIGITÉ. Disposé comme les doigts de la main.

DIGITINERVE. Dont les nervures sont disposées comme les doigts de la main.

DIOÏQUE. Se dit des plantes unisexuelles, dont les mâles et les femelles ne vivent pas sur le même pied.

DIPLOSTÉMONE. Se dit des étamines quand elles sont en nombre double des folioles du calice ou de la corolle.

DISCIFORME. Semblable à un disque.

DISCOÏDE. Qui a l'apparence d'un disque.

DISPERME. A deux graines.

DISQUE. Dans quelques fleurs composées (*radiées*), ensemble de fleurs tubuleuses du centre, par opposition à celles de la circonférence en languette plane et rayonnantes ; bourrelet qui couronne l'ovaire et embrasse les styles.

DISQUE STIGMATIFÈRE. Sorte de bouclier qui supporte les stigmates sessiles, comme dans les pavots.

DISTIQUE. Organes alternes le long d'une tige ou d'un rameau sur deux lignes opposées.

DIVARIQUÉ. Pédoncules, rameaux divisés en parties qui s'écartent à angle très ouvert, dans tous les sens.

DIVERGENT. Qui tend à s'écarter l'un de l'autre.

DORSAL. Se dit d'une partie qui naît sur le dos d'une autre.

DRESSÉ. Dont la direction est perpendiculaire au sol ou à peu près.

DROIT. Qui ne présente ni angle, ni courbure, ni inclinaison.

DRUPACÉ. Qui est de la nature de la drupe.

DRUPE. Fruit charnu renfermant un noyau osseux.

ÉCAILLES. Organes toujours aplatis, de formes diverses, souvent membraneux, scarieux, charnus ou coriaces.

EFFLORESCENCE. Sorte de poussière excessivement ténue, fugace, glauque, recouvrant certains fruits.

ÉGAL (à la base). (Voir *Inégal*.)

ELLIPTIQUE. Dont la forme, plus longue que large, va en se rétrécissant du milieu aux extrémités.

ÉMARGINÉ. Echancré au sommet.

EMBRASSANT. Se dit d'un organe, plus particulièrement des feuilles, dont la base entoure l'axe qui le porte.

EMBRYON. Nom donné à la plante rudimentaire encore renfermée dans la graine.

ENDOCARPE. On nomme ainsi la couche intérieure du péricarpe (voir ce mot) en contact avec la graine.

ENSIFORME. En forme d'épée.

ENTIER. Qui ne présente ni échancrure, ni dentelure, ni découpure.

ENTRE-NŒUD. Espace compris entre l'insertion d'un verticille de feuilles et un autre verticille ; on dit aussi *article*.

ENVELOPPES FLORALES. (Voir *Fleur*, *Calice*, *Corolle*, *Périanthe.*)

ÉPARS. Sans ordre apparent.

ÉPERON. Prolongement tubuleux, droit, arqué ou crochu, situé à la base de certaines parties de la fleur.

ÉPI. Inflorescence indéfinie dans laquelle des fleurs sessiles, ou à peu près, se trouvent réunies à la surface d'un axe primaire plus ou moins allongé.

ÉPIGÉ. Courant ou couché sur la terre.

ÉPILLETS. Petit assemblage de fleurs échelonnées le long d'un axe et formant un épi dans la famille des *Cypéracées* et dans celle des *Graminées*; inflorescence grêle et allongée.

ÉPINE. Organe mince, allongé, terminé en pointe et tenant au corps même de la plante.

ÉQUILATÉRAL. Dont les côtés sont égaux.

ÉTALÉ. S'écartant de son point d'attache, à angle droit; les pétales d'une corolle ouverte sont *étalés*, par opposition à pétales *dressés*.

ÉTAMINE. Organe mâle situé dans le périanthe. Une étamine se compose du *filet* qui supporte l'*anthère*; de l'anthère, petite poche qui renferme le pollen ou poussière fécondante; l'étamine est parfois sessile. Les *filets* sont libres ou soudés entre eux; il en est de même des *anthères*.

ÉTENDARD (Voir *Papilionacées*)

EXSERTE. Qui dépasse les enveloppes florales; organe qui dépasse celui qui l'entoure.

ENTRORSE. Se dit des anthères quand elles s'ouvrent du côté de la corolle, les sutures regardant la circonférence de la fleur.

FASCICULÉ. Réuni en faisceau.

FASTIGIÉ. Se dit d'une tige ou d'une inflorescence allongée, dont les rameaux sont dressés et appliqués.

FEMELLE (*fleur*). Celle qui possède un ovaire ou des ovaires sans étamines.

FERTILE. Opposé à stérile. Se dit d'un ovaire susceptible de porter et de mûrir ses graines ; d'une étamine dont l'anthère est fécondante.

FILET. (Voir *Etamines*.)

FILIFORME. Long, gros comme un fil.

FIMBRIÉ. Délicatement frangé.

FISTULEUX. Cylindrique et creux.

FLEUR. Appareil de la fécondation, composé, à partir du centre, de l'*ovaire*, des *étamines*, de la *corolle* et du *calice*. La fleur stérile est celle qui est réduite aux enveloppes florales, ou qui n'est pourvue que d'étamines.

FLEURON. (Voir *Composées*.)

FOLIACÉ. Qui a l'apparence, la consistance d'une feuille.

FOLIOLES. (Voir Feuille *Composée*.)

FOLLICULE. Capsule formée d'une seule feuille carpeliaire repliée sur elle-même et n'ayant qu'une seule suture par laquelle le follicule s'ouvre à la maturité.

FOSSETTE NECTARIFÈRE. Dépression située vers l'onglet des pétales, nue ou recouverte d'une écaille, et secrétant un suc particulier.

FONGUEUX. Se dit d'un organe composé de substance molle, épaisse, spongieuse, élastique comme celle des *champignons*.

FRONDES. Feuilles des *Fougères*.

FRUIT. Ovaire fécondé, quand il a atteint la maturité.

FRUCTIFÈRE. Qui porte un fruit ou des fruits mûrs.

FRUTESCENT. Se dit d'une plante se rapprochant, ou par sa consistance ou par son port, d'un arbrisseau.

FUNICULE. Nom donné au support de l'ovule ; synonyme de cordon ombilical.

FUSIFORME. En forme de fuseau, c'est-à-dire renflé au milieu et atténué aux deux bouts.

GAÎNE. Organe tubuleux, entier, déchiqueté ou fendu qui embrasse un autre organe.

GAMOPÉTALE. Se dit des fleurs dont les pétales sont soudés ensemble de manière à former une corolle d'une seule pièce. Synonyme de *monopétale*.

GAMOPHYLLE. Nom donné aux involucres dont les pièces sont plus ou moins soudées entre elles.

GAMOSÉPALE. Se dit d'un calice dont les pièces sont soudées de manière à former un calice d'une seule pièce. Synonyme de *monosépale*.

GAZONNANT. Formant des touffes serrées.

GÉMINÉ. Rapproché deux à deux.

GENOUILLÉ Plié en formant un angle.

GIBBEUX (à la base). Synonyme de bossu. (Voir *Inégal*.)

GLABRE. Complètement dépourvu de poils.

GLABRESCENT. Presque glabre.

GLANDES. Petits corps globuleux, souvent transparents, odorants, visqueux, faisant saillie soit sur des pédicelles, soit directement à la surface ou sur les bords d'autres organes.

GLAUQUE. D'un vert pâle bleuâtre.

GLOCHIDIÉ. Se dit d'un poil raide divisé à son extrémité en pointes recourbées.

GLOMÉRULE. Cyme dont les axes sont très courts; les fleurs des glomérules sont rapprochées en tête.

GLUMACÉ. De la consistance et de l'apparence des glumes.

GLUMELLES. Enveloppes extérieures des organes de reproduction dans la famille des *Graminées*.

GLUMELLULES. Pièces intérieures du périanthe des *Graminées*.

GLUMES. Bractées scarieuses situées à la base des épillets des *Graminées*.

GORGE. Entrée du tube du calice ou de la corolle des fleurs dans lesquelles ces organes ne sont que d'une seule pièce.

GOUSSE. Capsule à deux sutures, sans cloison, de la plupart des *Papilionacées*.

GRAPPE. Ensemble de fleurs portées sur des pédicelles à peu près égaux, émanant d'un pédoncule commun. (Voir *Composée*.)

GRÊLE. Mince par rapport à la longueur.

GRUMEUX. Ce mot s'applique ordinairement aux souches dont les fibres radicales sont plus ou moins renflées-ovoïdes.

GYNÉCÉE. Ensemble des organes femelles dans les plantes phanérogames. L'*androcée* est l'ensemble des organes mâles (*étamines*) dans une fleur.

GYNOBASIQUE. (Voir *Style*.)

GYNOPHORE. (Voir *Podogyne* et *Carpophore*.)

GYNOSTÈME. Androcée et style soudés ensemble, dans la famille des *Orchidées* et dans celle des *Aristolochiées*.

HAMPE. Pédoncule radical.

HASTÉ. En forme de fer de hallebarde.

HERBACÉ. Qui a la consistance, l'apparence de l'herbe.

HÉRISSÉ. Couvert de poils dressés.

HERMAPHRODITE. Se dit d'une fleur pourvue d'étamines et de pistil.

HÉTÉROPHYLLE. Qui offre deux formes de feuilles.

HILE. Point où s'insère le funicule sur l'ovule.

HISPIDE. Couvert de poils rudes, presque piquants.

HYPOCRATÉRIFORME. En forme de coupe peu profonde et très évasée ; se dit surtout des corolles.

HYPOGYNE. Qualificatif de certains organes, pétales, étamines, glandes, etc., insérés sous le pistil.

IMBRIQUÉ. Disposé en recouvrement comme les tuiles d'un toit.

IMPAIRE. Foliole terminale d'une feuille composée.

IMPARIPENNÉ. Feuille composée pennée avec une foliole terminale impaire.

INCISÉ. Qui présente des découpures, le plus souvent irrégulières, n'atteignant pas la partie moyenne.

INCLUS. Se dit des étamines qui ne dépassent pas le périanthe, par opposition à *exsert*.

INDÉFINI. Une inflorescence est *définie* quand le nombre des fleurs d'une même génération est tellement déterminé qu'on peut, en quelque sorte, le calculer à l'avance. — Elle est *indéfinie* quand le nombre des fleurs d'une même génération est indéterminé et varie selon le degré de vigueur de la plante. — Qui dépasse le nombre douze lorsqu'il s'agit d'étamines.

INDÉHISCENT. Se dit des fruits qui ne s'ouvrent pas.

INDUPLIQUÉ. Se dit des organes dont les bords sont repliés en dedans.

INDURÉ. Durci.

INDUSIE. Repli du bord de la fronde ou portion de l'épiderme soulevée, recouvrant les sores dans plusieurs espèces de *Fougères*.

INDUVIÉ. Se dit des fruits qu'accompagnent certaines parties accrues de la fleur.

INÉGAL (*calice*). Se dit du calice de quelques *Crucifères* dont deux sépales opposés font saillie en bas, par rapport aux deux autres sépales. On dit aussi *bossu à la base*. Le calice est *égal à la base* quand les quatre sépales n'offrent à leur base aucune différence de niveau.

INFÈRE. Se dit d'un ovaire situé et visible au-dessous de la fleur.

INFLÉCHI. Fléchi en dedans.

INFLORESCENCE. Disposition générale des fleurs sur la tige ou sur les rameaux.

INFUNDIBULIFORME. Qui ressemble à un entonnoir.

INTERROMPU. Se dit des épis dont les fleurs ou les épillets inégalement espacés laissent voir en certains endroits l'axe qui les porte. (Voir *Lobulé*.)

INTRORSE. Anthères qui s'ouvrent du côté du pistil, dont la suture regarde le centre de la fleur.

INVOLUCELLE. Se dit, dans la famille des *Ombellifères*, d'organes ordinairement foliacés, linéaires, entiers ou non, situés à la base des ombellules.

INVOLUCRE. Organes ordinairement foliacés, linéaires, entiers ou non, situés à la base des ombelles; — folioles situées à la base de quelques capitules de fleurs ou au-dessous d'une fleur solitaire; — enveloppe de certains fruits, foliacée ou coriace, souvent épineuse.

INVOLUTÉ. Se dit d'une feuille roulée par ses bords en dedans, c'est-à-dire sur sa face supérieure.

IRRÉGULIER. Qui manque de symétrie apparente.

ISOSTÉMONE. Désigne les fleurs où les pétales et les étamines sont en nombre égal.

JONCIFORME. Qui a l'aspect des joncs.

LABELLE. Celle des parties du périanthe, dans les *Orchidées*, qui est dirigée en bas.

LACHE. Peu fourni, peu serré.

LACINIÉ. Déchiqueté en lanières étroites.

LAINEUX. Couvert comme de laine.

LAMES PLACENTAIRES. (Voir *Cloison.*)

LANCÉOLÉ. Oblong et étroit, insensiblement rétréci aux deux extrémités, comme un fer de lance.

LANGUETTE. Semblable à une langue étroite. (Voir Fleur *Composée.*)

LATEX. Suc propre de certains végétaux, abondant surtout dans l'épaisseur de l'écorce, rarement incolore, jaune dans la *Chélidoine*, blanc-laiteux dans les *Euphorbes*, le· *Figuier*, etc.

LÈVRE. On nomme ainsi les deux lobes principaux des corolles et des calices des *Labiées* et des *Personnées*.

LIBRE. Qui n'a contracté aucune adhérence.

LIGNEUX. Qui a la consistance du bois, opposé à herbacé.

LIGULE. Membrane scarieuse, mince, semi-transparente qui existe au sommet de la gaine des feuilles des *Graminées* et de quelques *Cypéracées*. Se dit aussi quelquefois des fleurs en languette.

LIGULÉ. Qui a une ligule ou qui est en forme de languette.

LIMBE. Partie plane et foliacée de la feuille, ou d'un calice ou d'une corolle.

LINÉAIRE. Surface très étroite, à bords presque parallèles, comme une ligne.

LINÉAIRE-LANCÉOLÉ. Plus large que linéaire, plus étroit que lancéolé.

LISSE. Qui ne présente ni poils ni aspérités ni rugosités.

LOBE. Division.

LOBULÉ. Offrant de petites divisions ou interruptions.

LOCULICIDE. Mot appliqué à la déhiscence du fruit qui s'opère par l'ouverture longitudinale du dos des carpelles.

LOGE. Compartiment d'une cavité munie de cloisons intérieures.

LOMENTACÉ. Se dit des fruits qui sont divisés en une série longitudinale de compartiments qui se séparent spontanément à la maturité.

MALE. Une fleur mâle est celle qui possède des étamines sans gynécée.

MARCESCENT. S'applique aux organes qui, bien que flétris, restent en place.

MEMBRANE. Organe en lame mince et translucide.

MEMBRANEUX. Qui a l'aspect d'une membrane.

MÉRICARPE. S'applique, dans les *Ombellifères*, à chacun des deux akènes qui, d'abord soudés, se séparent à la maturité.

MICROPYLE. Ouverture des enveloppes de l'ovule.

MONADELPHE. Se dit des étamines réunies par leurs filets en un seul faisceau.

MONILIFORME. Se dit de tout organe formé de petites masses arrondies disposées par file, comme les grains d'un chapelet.

MONOCOTYLÉDONES. (Voir *Cotylédons*.)

MONOÏQUE. Se dit des plantes dont le même pied porte des fleurs mâles et des fleurs femelles.

MONOPÉTALE. (Voir *Gamopétale*.)

MONOSPERME. Qui n'a qu'une graine.

MUCRON. Pointe courte et raide qui termine brusquement un organe.

MUCRONÉ. Qui porte un mucron.

MUTIQUE. Qui n'est terminé ni par une pointe, ni par un mucron.

NAPIFORME. En forme de rave.

NAVICULAIRE. Qui est creusé en forme de nacelle, et caréné en dessous.

NECTAIRE. (Voir *Fossette nectarifère.*)

NERVURES. Faisceau de fibres constituant la charpente de la feuille. Elles sont surtout visibles en dessous.

NEUTRE. Fleur dans laquelle les organes reproducteurs manquent ou sont incomplètement développés.

NOEUD. Articulation renflée correspondant au point d'insertion des feuilles.

NU. Dépourvu d'enveloppes, de feuilles, de bractées, etc.

OB. Devant un qualificatif s'emploie pour indiquer que la forme de l'objet est renversée.

OBCORDÉ. En cœur renversé.

OBLIQUE. Intermédiaire entre la direction perpendiculaire et la direction horizontale.

OBLONG. Qui est deux ou trois fois plus long que large.

OBOVALE. De forme ovale, et fixé par le bout le plus étroit.

OMBELLE. Inflorescence indéfinie à deux degrés de végétation, imitant un parasol.

OMBELLÉ. Disposé en ombelle.

OMBELLULE. Petite ombelle au sommet des rayons principaux de l'ombelle.

OMBILIC. Cicatrice par laquelle l'akène ou le carpelle est attaché. Dépression que présente un fruit à l'une de ses extrémités.

OMBILIQUÉ. Pourvu d'un ombilic.

ONGLET. Base étroite et plus ou moins allongée par laquelle un pétale est inséré.

ONGUICULÉ. Pourvu d'un onglet.

OPPOSÉ. Se dit des parties placées par paires dans un même plan et en face l'une de l'autre.

OPPOSITIFOLIÉ. Se dit des plantes à feuilles opposées; qui est du côté opposé à la feuille.

OREILLETTES. Se dit d'une paire d'expansions foliacées à la base d'une feuille.

ORTHOTROPE. Se dit des ovules non courbés, et des embryons dont la radicule est dirigée vers le hile.

OVAIRE. Partie inférieure du pistil qui renferme l'ovule ou les ovules et qui, après la fécondation, devient le fruit.

OVALE. Qui rappelle la coupe longitudinale d'un œuf.

OVOÏDE. Qui a la forme d'un œuf.

OVULE. Etat de la graine, dans l'ovaire, avant la fécondation.

PAILLETTES. Petites lames scarieuses ou coriaces qui hérissent le réceptacle de certaines fleurs réunies en tête.

PALAIS. Désigne le renflement de la lèvre inférieure dans les corolles *personnées*.

PALMATIFIDE, PALMATILOBÉ, PALMATIPARTITE, PALMATISÉQUÉ. Découpé à diverses profondeurs, et disposé comme les doigts de la main. (Voir *Pennatifide* et mots suivants.)

PANICULE. Inflorescence ordinairement caractérisée par des fleurs insérées le long d'un axe sur des pédoncules rameux, et dont les inférieurs sont plus longs que les supérieurs. La panicule est *spiciforme* lorsque les rameaux sont dressés et appliqués.

PAPILIONACÉES. Fleurs irrégulières dont les pièces de la corolle sont désignées par des noms caractéristiques : le pétale supérieur, ordinairement dressé et étalé, se nomme *étendard* ; les deux latéraux sont les *ailes* ; les deux inférieurs, rapprochés ou adhérents entre eux, ont reçu le nom collectif de *carène*. Le fruit se nomme une *gousse*. (Voir ce mot.)

PAPILLES. Petites rugosités rapprochées qui couvrent certaines surfaces, et spécialement les stigmates.

PARASITE. Qui vit aux dépens d'autres végétaux, soit sur les branches, soit sur les racines.

PARIÉTAL. Qui est fixé aux parois.

PECTINÉ. Disposé comme les dents d'un peigne.

PÉDALÉE. Feuille dont le pétiole est divisé au sommet en deux branches divergentes qui portent à leur côté interne des folioles parallèles.

PÉDICELLE. Support particulier de chaque fleur.

PÉDONCULE. Rameau qui porte la fleur, ou les fleurs quand il en existe plusieurs sessiles ou munies d'un pédicelle.

PELTÉ. Se dit d'un organe de forme orbiculaire adhérent au support par le centre d'une de ses faces.

PENNATIFIDE. Divisé en plusieurs lobes jusqu'au milieu du limbe.

PENNATIPARTITE. Divisé jusqu'au-delà du milieu du limbe.

PENNATISÉQUÉ. Divisé jusqu'à la nervure.

PENNÉ ou PINNÉ. Divisé comme les barbes d'une plume.

PENNINERVE. Se dit des feuilles à nervation pennée.

PENTAMÈRES. Fleurs à cinq parties.

PÉRENNANT. Qui persiste pendant toute une année ou un peu plus.

PERFOLIÉ. Se dit des feuilles alternes dont la base entoure la tige complètement.

PÉRIANTHE. Ensemble des enveloppes florales , surtout lorsque le calice et la corolle sont tous les deux colorés, ou tous les deux herbacés, ou l'un des deux nul.

PÉRICARPE. Partie extérieure du fruit qui enveloppe la graine.

PÉRICLINE. (Voir Fleur *Composée*.)

PÉRIGONE. Synonyme de *périanthe*.

PÉRIGYNE. Se dit des organes insérés autour de l'ovaire

PERSISTANT. Opposé à caduc ; qui ne se détache pas spontanément de son point d'attache.

PERSONNÉE. Nom donné comme qualificatif de la corolle monopétale, irrégulière, disposée en masque ou en gueule.

PÉTALE. Chacune des pièces qui compose la corolle.

PÉTALOÏDE. Qui a l'apparence d'un pétale coloré.

PÉTIOLE. Support de la feuille.

PÉTIOLULE. Support des divisions d'une feuille composée.

PHANÉROGAME. Se dit d'une plante à organes reproducteurs visibles à l'œil nu ; synonyme de *Cotylédoné*.

PHYLLODES. Nom donné aux pétioles aplatis, dont le limbe ne se développe pas.

PINNULES. Nom attribué aux divisions des feuilles des *Fougères*.

PISTIL. Ensemble de l'organe femelle, ou gynécée, composé de l'*Ovaire*, qui est la partie la plus inférieure, du *Style* qui est la partie moyenne, et des *Stigmates* qui sont terminaux. Le *Style* manque quelquefois, et les *Stigmates* sont alors sessiles.

PIVOTANT. Qui s'enfonce verticalement dans le sol.

PLACENTA. Partie de l'ovaire à laquelle sont fixés les ovules. On dit aussi *Placentaire*.

PLACENTATION. Disposition des placentas dans l'ovaire.

PLUMEUX. Se dit d'un organe, dent, arête, poil, etc., portant deux rangées de poils disposés comme les barbes d'une plume.

PLURILOCULAIRE. Ovaire ou fruit à plusieurs loges.

PLURIVALVE. A plusieurs valves.

PODOGYNE. Prolongement de l'axe floral qui élève le gynécée au-dessus des autres parties. Synonyme de *Gynophore*.

POLLEN. Poussière fécondante renfermée dans les loges des anthères des plantes cotylédonées.

POLLINIQUE (*Masse*). Qui appartient au pollen, et, dans la famille des *Orchidées*, une agglomération de pollen.

POLYGAME. Se dit des plantes qui présentent à la fois, et sur le même pied, toutes les combinaisons possibles de sexualité.

POLYPÉTALE. Se dit des corolles à pétales libres et distincts.

POLYPHYLLE. Qui a beaucoup de feuilles. Se dit surtout des involucres à folioles nombreuses.

POLYSPERME. Qui contient beaucoup de graines.

POMACÉ. Qui a la forme ou l'apparence d'une pomme.

PONCTUÉ. Marqué de petites taches ou de points souvent translucides.

PORICIDE. Se dit des péricarpes qui s'ouvrent par des pores au moment de la dissémination des graines.

PORRIGÉ. Porté en avant.

PRÉFLORAISON. Disposition des parties de la fleur dans le bouton.

PRISMATIQUE. A plusieurs faces et à plusieurs angles.

PUBESCENT. Couvert d'un duvet fin, court, peu serré.

PUBÉRULENT. Diminutif de pubescent.

PULPEUX. Composé d'une substance molle, succulente, entourant la graine.

PULVÉRULENT. Couvert d'une poudre fine comme de la poussière.

PYRIFORME. En forme de poire.

PIXIDE. Ovaire, fruit sec, qui s'ouvre circulairement comme une boite à savonnette.

QUADRIFIDE. Fendu en quatre; à quatre parties.

QUINAIRE. Dont les organes sont disposés par cinq.

QUINCONCIAL. Préfloraison dans laquelle les pétales, au nombre de cinq, se montrent disposés de telle façon que deux sont externes, deux autres internes, le cinquième moitié recouvert et moitié recouvrant.

QUINQUEPARTITE. Divisé en cinq.

RACHIS. (Voir *Axe*.)

RADICANT. Se dit des tiges couchées ou grimpantes, émettant des racines adventives.

RADICAL. Qni tient à la racine ou qui en part directement.

RADICELLES. Racines secondaires.

RAMÉAL. Qui appartient, qui tient au rameau.

RAMEAU. Divisions et subdivisions de la tige; les rameaux sont stériles ou fertiles.

RAMPANT. Couché sur la terre.

RAPHÉ. Ligne saillante formée par le cordon ombilical (*funicule*), et qui s'étend de l'ombilic (*hile*) externe à la *chalaze*, c'est-à-dire à la tunique interne de l'ovule où aboutit le cordon ombilical.

RAYON. On désigne sous ce nom les pédoncules secondaires qui constituent la charpente de l'*Ombelle*, eux-mêmes divisés ordinairement en rayons secondaires portant les fleurs de l'*ombellule*. (Voir Fleur *Composée*.)

RAYONNANT. Disposé comme des rayons.

RÉCEPTACLE. Extrémité plus ou moins élargie du pédoncule qui donne insertion aux diverses parties dont se compose la fleur. (Voir Fleur *Composée*.)

REDRESSÉ. (Voir *Ascendant*.)

RÉFLÉCHI. Qui retombe le long de son support.

RÉFRACTÉ. Réfléchi brusquement dès la base.

RÉGULIER. Dont toutes les parties sont semblables pour la forme, les dimensions et les dispositions.

REJET. Tiges qui naissent sur la souche des plantes vivaces; les rejets sont stériles ou fertiles.

RÉNIFORME. En forme de rognon.

RÉSUPINÉ. Détourné de sa position normale et dirigé en bas.

RÉTICULÉ. En forme de réseau.

RÉTINACLE. Support glanduleux, visqueux, sur lequel repose le *caudicule* ou l'anthère sessile dans les *Orchidées*.

RHIZOME. Tige souterraine qui rampe horizontalement ou obliquement au-dessous de la surface du sol.

RHOMBOÏDAL. Dont le pourtour est un quadrilatère irrégulier.

RONCINÉ. Se dit d'une feuille oblongue et pennatifide dont les lobes sont aigus et dirigés vers la base.

ROSETTE (*en*). Se dit des feuilles radicales quand elles sont nombreuses, étalées en cercle et horizontalement.

ROSTRÉ. Muni d'un bec.

ROUE (*en*). Se dit des corolles monopétales à limbe presque plan et à tube presque nul.

RUMINÉ. Se dit de l'*albumen* lorsque l'enveloppe de la graine (*testa*) forme des replis qui se réfléchissent à l'intérieur et projettent dans la substance de *l'albumen* des cloisons incomplètes.

SAGITTÉ. En forme de fer de flèche.

SAMARE. Fruit sec, indéhiscent, dont le péricarpe est aminci en lame qui forme une sorte d'aile membraneuse.

SARMENTEUX. Se dit des tiges ligneuses, très longues par rapport au diamètre, prenant appui sur les arbres ou sur les arbrisseaux voisins ou rampant sur le sol.

SCABRE. Rendu rude par des poils raides et courts.

SCAPE. Hampe ; nom donné aux pédoncules radicaux.

SCARIEUX. Qui a la consistance d'une écaille sèche.

SCORPIOÏDE. Recourbé en forme de crosse ou de queue de scorpion ; se dit de certaines inflorescences.

SEGMENT. Portion d'un organe divisé.

SEMI-INFÈRE. Se dit d'un ovaire visible en partie seulement au-dessous de la fleur.

SÉPALES. Organes constitutifs du calice.

SEPTICIDE. Mode de déhiscence d'une capsule par lequel les cloisons se décollent en deux lames dans le sens de leur épaisseur, et alors les carpelles soudés deviennent distincts.

SEPTIFRAGE. Mode de déhiscence s'opérant suivant les lignes de réunion du péricarpe avec les cloisons.

SERTULE. Inflorescence dont les pédoncules uniflores partent d'un même point ; ombelle simple.

SESSILE. Privé de support.

SÉTACÉ. Qui a la forme ou la consistance d'une soie ou d'un poil raide.

SILICULE. Fruit de quelques *Crucifères* souvent aussi large que long.

SILIQUE. Fruit de la plupart des *Crucifères* bien plus long que large.

SILLONNÉ. Marqué de sillons, de cannelures ; le sillon est plus profond que la strie.

SIMPLE. Qui n'est ni rameux, ni divisé.

SINUÉ. Dont les bords sont flexueux.

SINUS. Angles rentrants qui séparent les divisions.

SOIE. Poil raide.

SOLITAIRE. Qui n'est point accompagné d'organes de même nature.

SORES. Sporanges réunis en groupes.

SOUCHE. Base de la tige sur laquelle se développent les racines.

SOYEUX. Qui imite les reflets de la soie.

SPATHE. Grande bractée membraneuse qui entoure les fleurs de quelques espèces de monocotylédonées.

SPICIFORME. En forme d'épi.

SPINULEUX. Présentant quelques petites épines.

SPONGIEUX. Celluleux , mou , compressible comme une éponge.

SPORANGES. Capsules renfermant les spores, naissant à la face inférieure des frondes ou sur d'autres parties des plantes cryptogames.

SPORES. Organes reproducteurs chez les cryptogames.

STAMINODE. Mamelons celluleux résultant de l'avortement des étamines dans les *Orchidées*.

STÉRILE. Qui ne produit ou ne peut produire ni fleurs ni fruits. (Voir *Etamine.*)

STIGMATE. (Voir *Pistil.*)

STIPELLES. Stipules secondaires qui accompagnent les folioles de certaines feuilles composées.

STIPITÉ. Muni d'un support aminci et élevé.

STIPULAIRE. Qui tient lieu de stipule ; qui est à la place ordinaire des stipules.

STIPULE. Accessoires foliacés, membraneux ou scarieux situés à la base des feuilles, libres ou soudés au pétiole.

STOLON. Rejet rampant qui pousse sur les racines ou à la base des tiges, sur la souche, et peut devenir une nouvelle plante.

STOLONIFÈRE. Pourvu de stolon.

STRIES. Lignes très fines tracées sur une surface, soit en creux, soit en un trait coloré.

STRIÉ. Muni de stries.

STROPHIOLE. Nom quelquefois donné à l'arille (voir ce mot) quand il est peu étendu.

STYLE. Le *style* continue ordinairement l'extrémité de l'ovaire ; il est alors dit *terminal*. Lorsqu'il naît plus ou moins bas sur le côté de l'ovaire, il est dit *latéral*. Lorsque le sommet de l'ovaire s'est fléchi jusqu'à descendre au niveau de sa base, il est dit *basilaire*. Lorsqu'il y a plusieurs ovaires et que les styles basilaires sont soudés en un seul, l'ovaire composé est dit *gynobasique*. (Voir *Pistil*.)

STYLOPODE. Base des styles épaissie et couronnant l'ovaire, dans les *Ombellifères*.

SUB. Diminutif qu'on associe aux qualificatifs pour en atténuer la valeur ; il signifie *sous, à peine, presque*.

SUBÉREUX. Qui a la nature ou la consistance du liège.

SUBULÉ. En forme d'alène.

SUCCULENT. Gorgé de sucs aqueux.

SUFFRUTESCENT. Presque de la consistance de la tige d'un arbrisseau ; ni ligneux, ni herbacé.

SUPÈRE. Qui est situé en-dessus ; se dit d'un ovaire renfermé dans le périanthe.

SUTURE. On donne ce nom à la ligne de réunion de deux parties, de deux valves.

TERNÉ. Disposé par trois.

TEST, TESTA. Tégument extérieur de la graine.

TÉTRAGONE. Qui a quatre pans ou quatre angles.

TÉTRADYNAMES. Fleurs à six étamines dont quatre plus longues que les autres.

TÉTRAMÈRE. Dont les organes sont disposés par quatre.

TÉTRANDRE. Qui a quatre étamines.

THÉCAPHORE. (Voir *Podogyne*.)

THYRSE. Se dit en général d'une inflorescence paniculée dont les pédicelles du milieu sont plus longs que ceux des extrémités, ou d'une grappe pyramidale.

TIGE. Axe aérien qui supporte certains organes extérieurs tels que feuilles, rameaux, fleurs, etc. La tige est quelquefois souterraine.

TOMENTEUX. Revêtu d'une pubescence cotonneuse.

TORULEUX. Bosselé.

TRAÇANT. Se dit des racines longuement rampantes.

TRIFIDE. Divisé en trois.

TRISÉQUÉ. Fendu en trois.

TRIFOLIOLÉ. A trois folioles.

TRIGONE. A trois angles.

TRIMÈRE. Dont les organes sont disposés par trois.

TRINERVIÉ. A trois nervures.

TRIQUÊTRE. A trois angles saillants souvent séparés par trois angles rentrants.

TRISTIQUE. Disposé sur trois rangs.

TRONQUÉ. Terminé par une surface plane ou par une ligne horizontale.

TUBE. Partie inférieure de la corolle monopétale ou du calice monosépale.

TUBERCULE. Renflement ; élévation granuliforme à la surface de certains fruits.

TUBERCULEUX. Renflé ou muni de tubercules.

TUBÉREUX. Se dit d'une racine ou d'une souche épaissie en tubercule.

TUBULEUX. En forme de tube.

UNIFLORE. Qui ne porte qu'une seule fleur.

UNILABIÉ. A une seule lèvre.

UNILATÉRAL. Inséré ou dirigé d'un seul côté.

UNILOCULAIRE. Qui n'a qu'une seule loge.

UNIOVULÉ. Qui ne contient qu'un seul ovule.

UNIPARE. (Voir *Cyme.*)

UNISEXUÉ, UNISEXUEL. Qui n'a que des étamines sans pistil, ou un pistil sans étamines.

URCÉOLÉ. Qui a la forme d'un grelot.

UTRICULE. Enveloppe, sans adhérence, de l'akène des *Carex*.

VALVAIRE. Préfloraison dans laquelle les parties se touchent dans toute leur longueur par leurs bords contigus, comme les battants d'une porte.

VALVES. Pièces qui composent les capsules déhiscentes, et se séparent les unes des autres à la maturité.

VERTICILLES. Ensemble d'organes disposés en cercle dans le même plan, autour d'un axe.

VERTICILLÉ. Se dit particulièrement des feuilles disposées en verticille.

VIVACE. Qui vit plusieurs années.

VIVIPARE. Se dit d'une plante qui produit, au lieu de graines, des bulbilles reproducteurs.

VOLUBILE. Se dit d'une tige, d'une vrille, d'un pétiole qui s'enroule en spirale.

VRILLE. Organe filiforme s'enroulant en spirale autour d'un corps voisin pour soutenir la plante.

SUPPLÉMENT

Description des plantes découvertes depuis l'impression de la Flore descriptive.

1. — Rosa obtusifolia Desv.; Bor., 215.

Fleurs d'abord d'un blanc un peu jaunâtre, puis blanches, à la fin quelquefois rosulées ; pédoncules glabres ou quelquefois un peu glanduleux, munis de bractées ovales, pubescentes. Réceptacle ovoïde ou globuleux, glabre ; sépales très saillants sur le bouton ; styles libres ou agglutinés, courts, hérissés. Fruit globuleux, rouge à la maturité. Folioles ovales-arrondies, presque obtuses, vertes, simplement dentées, pubescentes sur les deux faces ; stipules oblongues, ciliées-glanduleuses, les supérieures des rameaux fleuris dilatées ; pétioles très velus. Aiguillons robustes, arqués, dilatés à la base. Tige dressée, assez élevée, rameuse. ♄. Mai-juin. Haies. RR. — N. Prahecq.

2. — Oxalis corniculata L.; GG., ɪ, 325.

Fleurs jaunes, portées sur des pédoncules axillaires, dressés, plus courts que les feuilles; pédicelles fructifères écartés, défléchis ; bractées linéaires, acuminées. Sépales lancéolés. Pétales obovales, échancrés ou émarginés, dépassant un peu le calice. Stigmates rapprochés, égalant les étamines les plus longues. Capsules pubescentes, grisâtres, atténuées en pointe. Graines..... Folioles profondément obcordées; stipules oblongues, adnées au pétiole. Tige de 1-2 décim., filiforme, rameuse, étalée, diffuse, radicante. Racine fibreuse, rameuse, dépourvue de stolons. Plante pubescente, grisâtre, quelquefois rougeâtre. ① ou ②. Juin-octobre. Terrains sablonneux, lieux cultivés. RR. — **N**. Saint-Maixent.

3. — **Viola sepincola** Jord.; Bor., 76.

Fleurs d'un violet bleu un peu pâle, blanches au fond jusqu'au tiers. Pédoncules finement pubescents; bractées lancéolées-linaires, acuminées, à poils épars ou nuls. Sépales ovales-oblongs, obtus, glabres. Pétales étalés, obovales-oblongs, tronqués ou un peu échancrés; les supérieurs non contigus, se recouvrant un peu à la base; les latéraux un peu poilus vers la gorge; l'inférieur plus grand, obovale-cunéiforme, un peu échancré; éperon épais, un peu comprimé, sans sillon, légèrement courbé et un peu obtus au sommet, dépassant beaucoup les appendices du calice. Capsule grosse, à pubescence courte, assez dense, ovoïde-arrondie, à angles obscurs, à loges contenant sept-douze graines. Feuilles vertes, parsemées de poils fins ainsi que les pétioles; les radicales estivales ovales ou oblongues-ovales, profondément en cœur à la base, à sinus un peu ouvert, terminées en pointe obtuse; les caulinaires courtes, ovales, à sinus très ouvert. Stipules lancéolées-linéaires, acuminées, ciliés-glanduleuses, glabres ou hispidules sur les bords, à cils n'égalant pas leur largeur. Souche épaisse, longue, rameuse; tiges latérales courtes, presque souterraines, s'allongeant souvent en stolons radicants. Fleurs à odeur douce ou nulle. ♃. Mars-avril. Haies, bois secs, surtout calcaires. RR. — **M**. Exoudun.

4. — Carex ornithopoda Wild.; GG., iii, 418.

Epi mâle solitaire, court, linéaire, sessile ; épis femelles trois ou quatre, linéaires, pauciflores, tous très rapprochés de l'épi mâle, presque digités, divergents et courbés en dehors, égalant l'épi mâle, à pédicelles renfermés dans une gaîne bractéale courte, membraneuse. Ecailles des fleurs femelles d'un brun clair, obovales, un peu membraneuses sur les bords. Stigmates trois. Utricules fructifères pubescents, obovales, triquêtres, à bec très court, obtus, dépassant un peu les écailles. Feuilles d'un vert jaunâtre, courtes, linéaires, acuminées, un peu rudes. Tiges d'environ un décim., cylindracées, très grêles, faibles, penchées, munies à la base de gaines d'un brun pâle, prolongées en pointe foliacée très-courte. Souche fibreuse ou un peu rampante, gazonnante. ♃. Avril-mai. Bois couverts, calcaires. RR. — **M**. Forêt d'Aulnay.

TABLE DES GENRES.

Acer, 161.
Aceras, 256.
Achillea, 218.
Adenocarpus, 110.
Adianthum, 294.
Adonis, 93.
Adoxa, 149.
Ægilops, 289.
Ægopodium, 156.
Æthusa, 158.
Agrimonia, 143.
Agropyrum, 289.
Agrostemma, 167.
Agrostis, 278.
Aira, 279.
Ajuga, 209.
Alchemilla, 143.
Alisma, 247.
Allium, 258.
Alnus, 245.
Alopecurus, 276.
Alsine, 169.

Althæa, 177.
Alyssum, 101.
Amaranthus, 238.
Ammi, 156.
Anacamptis, 256.
Anagallis, 235.
Anchusa, 199.
Andropogon, 278.
Androsace, 235.
Androsæmum, 178.
Andryala, 234.
Anemone, 92.
Anethum, 153.
Angelica, 153.
Anthemis, 219.
Anthoxanthum, 275.
Anthriscus, 155.
Anthyllis, 111.
Anthirrhinum, 190.
Apium, 157.
Aquilegia, 91.
Arabis, 101.

Arenaria, 169.
Aristolochia, 148.
Arnoseris, 225.
Arrhenatherum, 281.
Artemisia, 218.
Arum, 266.
Asparagus, 261.
Asperugo, 197.
Asperula, 150.
Asphodelus, 261.
Aspidium, 292.
Asplenium, 293.
Astragalus, 117.
Astrocarpus, 106.
Athyrium. 293.
Atriplex, 238.
Atropa, 195.
Avena, 280.
Ballota, 208.
Barbarea, 103.
Bellis, 215.
Berberis, 96.
Berula, 156.
Betonica, 207.
Betula, 245.
Bidens, 217.
Bifora, 160.
Biscutella, 100.
Blechnum, 294.
Blitum, 240.
Borrago, 197.

Brachypodium, 290.
Briza, 283.
Bromus, 286.
Brunella, 208.
Bryonia, 148.
Buffonia, 167.
Bupleurum, 155.
Butomus, 248.
Buxus, 161.
Calamagrostis, 278.
Calamintha, 204.
Calendula, 222.
Calepina, 99.
Callitriche, 147.
Calluna, 210.
Caltha, 92.
Calystegia, 200.
Camelina, 106.
Campanula, 211.
Capsella, 100.
Cardamine, 102.
Carduncellus, 224.
Carduus, 223.
Carex, 269-274.
Carlina, 224.
Carpinus, 245.
Carum, 156.
Caryolopha, 199.
Castanea, 246.
Catabrosa, 281.
Catananche, 225.

Caucalis, 160.
Caulinia, 251.
Centaurea, 224.
Centranthus, 213.
Centunculus, 235.
Cephalanthera, 253.
Cerastium, 170.
Cerasus, 139.
Ceratophyllum, 109.
Ceterach, 292.
Chærophyllum, 155.
Chaiturus, 208.
Chamagrostis, 275
Chara, 296.
Cheiranthus, 103.
Chelidonium, 97.
Chenopodium, 238.
Chlora, 185.
Chondrilla, 228
Chrysanthemum, 220.
Chrysosplenium, 148.
Cicendia, 185.
Cichorium, 225.
Circæa, 147.
Cirsium, 222.
Cladium, 267.
Clandestina, 188.
Clematis, 93.
Clinopodium, 204.
Colchicum, 252.
Conium, 158.

Conopodium, 156.
Convallaria, 261.
Convolvulus, 200.
Cornus, 149.
Coronilla, 122.
Corrigiola, 172.
Corydalis, 98.
Corylus, 245.
Corynephorus, 279.
Cratægus, 144.
Crepis, 229.
Crucianella, 150.
Crupina, 225.
Crypsis, 275.
Cucubalus, 166.
Cuscuta, 200.
Cyclamen, 236
Cynodon, 277.
Cynoglossum, 197.
Cynosurus, 284.
Cyperus, 267.
Cytisus, 110.
Dactylis, 284.
Damasonium, 247.
Danthonia, 284.
Daphne, 109.
Datura, 195.
Daucus, 159.
Delphinium, 91.
Dentaria, 102.
Deschampsia, 279.

Dianthus, 165.

Digitalis, 190.

Digitaria, 277.

Diplotaxis, 105.

Dipsacus, 214.

Doronicum, 220.

Dorycnium, 116.

Draba, 101.

Drosera, 179.

Ecballium, 148.

Echinaria, 277.

Echinospermum, 197.

Echium, 200.

Elatine, 173.

Eleocharis, 267.

Elodes, 178.

Elymus, 289.

Endymion, 260.

Epilobium, 145.

Epipactis, 252.

Equisetum, 294.

Eragrostis, 283.

Erica, 210.

Erigeron, 215.

Eriophorum, 269.

Erodium, 163.

Erophila, 101.

Erucastrum, 106.

Ervilia, 119.

Ervum, 119.

Eryngium, 153.

Erysimum, 103.

Erythræa, 186.

Eufragia, 189.

Eupatorium, 214.

Euphorbia, 173-176.

Euphrasia, 189.

Euxolus, 238.

Evonymus, 161.

Fagus, 246.

Falcaria, 157.

Festuca, 285.

Ficaria, 93.

Ficus, 246.

Filago, 217.

Fœniculum, 158.

Fragaria, 125.

Fraxinus, 201.

Fritillaria, 257.

Fumana, 179.

Fumaria, 98.

Gagea, 260.

Galeobdolon, 206.

Galeopsis, 206.

Galium, 150-153.

Gastridium, 279.

Gaudinia, 291.

Genista, 109.

Gentiana, 185.

Geranium, 162.

Geum, 123.

Gladiolus, 251.

Glechoma, 205.
Globularia, 201.
Glyceria, 282.
Gnaphalium, 218.
Gratiola, 190.
Gymnadenia, 256.
Gypsophila, 165.
Habenaria, 256.
Hedera, 153.
Helianthemum, 178.
Helichrysum, 218.
Heliotropium, 197.
Helleborus, 92.
Helminthia, 226.
Helosciadium, 157.
Heracleum, 154.
Herniaria, 172.
Hesperis, 103.
Hieracium, 230-234.
Hippocrepis, 123.
Hippuris, 147.
Holcus, 281.
Holosteum, 170.
Hordeum, 288.
Hottonia, 236.
Humulus, 246.
Hutchinsia, 100.
Hydrocharis, 251.
Hydrocotyle, 158.
Hymantoglossum, 256.
Hyosciamus, 195.

Hypecoum, 98.
Hypericum, 177.
Hypochæris, 227.
Iberis, 100.
Ilex, 161.
Illecebrum, 172.
Inula, 215.
Iris, 251.
Isatis, 99.
Isnardia, 147.
Isopyrum, 92.
Jasione, 211.
Jasminum, 201.
Juncus, 261-264.
Juniperus, 247.
Kentrophyllum, 224.
Knantia, 214.
Kœleria, 280.
Lactuca, 228.
Lamium, 205.
Lampsana, 225.
Lappa, 223.
Laserpitium, 159.
Lathræa, 187.
Lathyrus, 120.
Leersia, 275.
Lemna, 266.
Leontodon, 226.
Leonurus, 208.
Lepidium, 101.
Lepturus, 291.

Leucanthemum, 219.
Libanotis, 158.
Ligustrum, 201.
Limnanthemum, 185.
Limodorum, 253.
Limosella, 194.
Linaria, 191.
Linosyris, 215.
Linum, 164.
Listera, 253.
Lithospermum, 199.
Littorella, 237.
Lobelia, 213.
Lolium, 290.
Lonicera, 149.
Lotus, 116.
Lupinus, 110.
Luzula, 264.
Lychnis, 167.
Lycopsis, 199.
Lycopus, 203.
Lysimachia, 234.
Lythrum, 145.
Malachium, 171.
Malus, 145.
Malva, 176.
Marrubium, 208.
Matricaria, 219.
Medicago, 111.
Melampyrum, 188.
Melica, 283.

Melilotus, 112.
Melissa, 204.
Melittis, 205.
Mentha, 201.
Menyanthes, 185.
Mercurialis, 173.
Mespilus, 144.
Microcala, 185.
Micropus, 215.
Milium, 279.
Mœhringia, 170.
Molinia, 284.
Monotropa, 211.
Montia, 173.
Muscari, 260.
Myagrum, 99.
Myosotis, 197.
Myosurus, 93.
Myriophyllum, 147.
Naias, 250.
Narcissus, 252.
Nardurus, 291.
Nardus, 291.
Nasturtium, 104.
Neottia, 253.
Nepeta, 204.
Neslia, 99.
Nigella, 91.
Nitella, 295.
Nuphar, 97.
Nymphæa, 96.

Odontites, 189.
Œnanthe, 158.
Œnothera, 145.
Onobrychis, 123.
Ononis, 110.
Onopordon, 223.
Ophioglossum, 292.
Ophrys, 256.
Orchis, 253.
Origanum, 203.
Orlaya, 160.
Ornithogalum, 259.
Ornithopus, 122.
Orobanche, 186.
Osmunda, 292.
Oxalis, 164.
Panicum, 277.
Papaver, 97.
Parietaria, 108.
Parnassia, 179.
Passerina, 109.
Pastinaca, 154.
Pedicularis, 188.
Peplis, 145.
Petasites, 215.
Petroselinum, 157.
Peucedanum, 154.
Phalangium, 261.
Phalaris, 275.
Phelipæa, 187.
Phleum, 275.

Phragmites, 278.
Physalis, 195.
Phyteuma, 211.
Picris, 226.
Pilularia, 295.
Pimpinella, 156.
Pisum, 120.
Plantago, 236.
Platanthera, 256.
Poa, 282.
Podospermum, 227.
Polycarpon, 171.
Polycnemum, 238.
Polygala, 162.
Polygonatum, 261.
Polygonum, 242.
Polypodium, 292.
Polystichum, 293.
Populus, 184.
Portulaca, 173.
Potamogeton, 248.
Potentilla, 123.
Poterium, 143.
Primula, 235.
Prunus, 138.
Pteris, 294.
Pulicaria, 216.
Pulmonaria, 199.
Pyrus, 144.
Quercus, 245.
Ranunculus, 93-96.

Raphanus, 99.
Reseda, 106.
Rhamnus, 161.
Rhinanthus, 188.
Rosa, 139-143.
Rubia, 150.
Rubus, 125-137.
Rumex, 240.
Ruscus, 261.
Sagina, 167.
Sagittaria, 248.
Salix, 182.
Salvia, 203.
Sambucus, 149.
Samolus, 236.
Sanguisorba, 143.
Sanicula, 153.
Saponaria, 166.
Sarothamnus, 109.
Saxifraga, 148.
Scabiosa, 214.
Scandix, 155.
Schœnus, 267.
Scilla, 257.
Scirpus, 268.
Scleranthus, 172.
Scleropoa, 284.
Scolopendrium, 294.
Scorzonera, 227.
Scrophularia, 190.
Scutellaria, 208.

Sedum, 106.
Sempervivum, 108.
Senebiera, 99.
Senecio, 220.
Serapias, 257.
Serrafalcus, 287.
Serratula, 224.
Seseli, 158.
Setaria, 277.
Sherardia, 149.
Silaus, 158.
Silene, 166.
Silybum, 223.
Simethis, 260.
Sinapis, 106.
Sison, 157.
Sisymbrium, 104.
Sium, 156.
Smyrnium, 157.
Solanum, 195.
Solidago, 215.
Sonchus, 229.
Sorbus, 144.
Sparganium, 265.
Specularia, 212.
Spergula, 168.
Spergularia, 168.
Spiræa, 123.
Spiranthes, 252.
Stachys, 206.
Stellaria, 170.

Symphytum, 199.
Tamus, 257.
Tanacetum, 218.
Taraxacum, 227.
Teesdalia, 100.
Tetragonolobus, 116.
Teucrium, 209.
Thalictrum, 92.
Thesium, 244.
Thlapsi, 100.
Thrincia, 226.
Thymus, 203.
Tilia, 177.
Tillæa, 108.
Torilis, 160.
Tordylium, 154.
Tragopogon, 226.
Trapa, 147..
Trifolium, 112-116.
Triglochin, 251.
Trinia, 157.
Trisetum, 281.
Triticum, 289.
Trixago, 189.
Tulipa, 257.
Turgenia, 160.

Turritis, 102.
Tussilago, 214.
Typha, 265.
Ulex, 109.
Ulmus, 246.
Umbilicus, 108.
Urtica, 108.
Utricularia, 236.
Valeriana, 213.
Valerianella, 213.
Verbascum, 195.
Verbena, 201.
Veronica, 192.
Viburnum, 149.
Vicia, 117.
Vinca, 197.
Vincetoxicum, 197.
Viola, 179-182.
Viscum, 244.
Vitis, 161.
Vulpia, 284.
Wahlenbergia, 213.
Xanthium, 234.
Xeranthemum, 225.
Zanichellia, 251.

TABLE GÉNÉRALE

Préface.	V
Introduction.	XIII
Analyse des Familles.	1
Analyse des Genres.	25
Analyse des Espèces.	91
Vocabulaire.	297
Plantes nouvellement découvertes	329
Table des genres	333

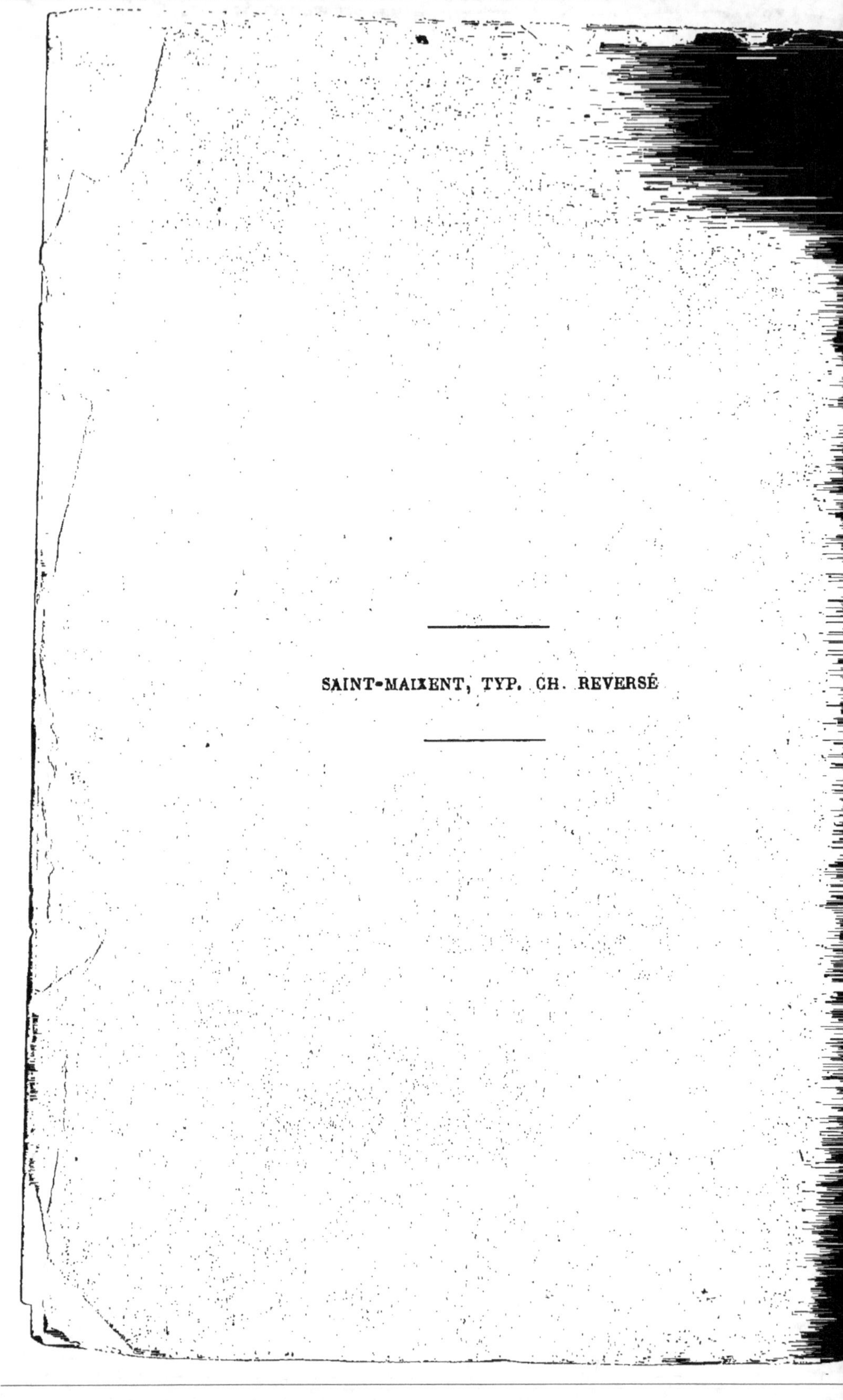

SAINT-MAIXENT, TYP. CH. REVERSÉ